西电学术文库图书

面向先进制造模式的组织设计

王安民　著

西安电子科技大学出版社

内 容 简 介

本书主要研究并提出了一种适应先进制造模式（AMM）结构特性需求的组织设计模式——基于最优组织单元（OOU）的一体化网络组织集成设计模式。本书以社会技术系统理论为基本方法，对最优组织单元及基于该单元的一体化网络组织的概念与理论基础、结构与功能特性、设计原理与方法、性能评价与再设计等做了系统的研究，为先进制造模式的推广应用提供了一种可供选择的组织结构形式与相应的设计技术。

本书具有系统全面、应用性强、内容新颖的特点。本书的读者对象为从事管理学特别是从事组织理论与设计、制造系统工程和工业工程等学科领域研究的学者与工程技术人员，以及与上述领域相关的本科生和研究生。

图书在版编目(CIP)数据

面向先进制造模式的组织设计/王安民著.

一西安：西安电子科技大学出版社，2014.12(2015.6 重印)

ISBN 978 - 7 - 5606 - 3548 - 4

Ⅰ．① 面…　Ⅱ．① 王…　Ⅲ．① 制造工业－工业企业管理－研究　Ⅳ．① F407.4

中国版本图书馆 CIP 数据核字(2014)第 286401 号

策　　划　李惠萍
责任编辑　王　瑛　李惠萍
出版发行　西安电子科技大学出版社(西安市太白南路 2 号)
电　　话　(029)88242885　88201467　　　邮　　编　710071
网　　址　www.xduph.com　　　　　　电子邮箱　xdupfxb001@163.com
经　　销　新华书店
印刷单位　北京京华虎彩印刷有限公司
版　　次　2014 年 12 月第 1 版　2015 年 6 月第 2 次印刷
开　　本　787 毫米×960 毫米　1/16　印　张　16
字　　数　235 千字
印　　数　601～1400 册
定　　价　28.00 元

ISBN 978 - 7 - 5606 - 3548 - 4/F

XDUP 3840001 - 2

* * * 如有印装问题可调换 * * *

前　言

随着知识经济的崛起、信息技术(IT)革命的深入与全球化趋势的发展，制造业所面临的市场、技术、竞争及社会经济环境正经历着一场深刻的变化。建立在大规模市场基础之上的以大批量生产为主要特征的传统制造模式遇到了前所未有的挑战。制造业正在经历着一场以实施先进制造技术和经营方式彻底变革(如 BPR)为主要内容的先进制造模式(Advanced Manufacturing Mode，AMM)的革命。

新的 AMM 不断涌现，目前国内外已提出的 AMM 多达数十种，且其基本理念已得到了广泛的认同。在性能上，AMM 追求精益、灵捷、柔性、绿色及其协同；在结构上，AMM 呈现单元化、集成化、网络化、虚拟化与生态化的趋势。但大部分 AMM 目前尚未投入实际应用，限制了先进制造技术效益的发挥。大量的调查研究表明，其关键的制约因素是组织创新的滞后。与之相应的是，目前 AMM 的研究中有关组织结构问题的研究较少。因此，建立适应 AMM 结构特性需求的新的组织模式已构成 AMM 研究和应用的紧迫课题。

本书的研究工作主要是定位于探索一种新的、适应 AMM 结构特性需求的组织结构形态与设计模式的理论和方法，即基于最优组织单元(Optimal Organization Unit，OOU)的一体化网络组织集成设计模式。为此，本书以社会技术系统(Socio-Technical System，STS)理论为基本方法，综合运用组织经济学、组织管理学及相关技术学科等跨学科的研究方法，在研究文献的基础上，首先研究了 AMM 理论与方法，界定了 AMM 的演化趋势和现代制造组织系统的本质特征，构建了相应的研究方法体系。在此基础上，对 OOU 的概念、模型与 STS 并行设计方法等进行了系统研究，讨论了基于 OOU 的一体化网络组织的结构特点、分析框架、优化模型、设计原理与理论应用，对一体化网络组织系统的综合评价方法与持续创新(再设计)模式等进行了探索研究。通过研究，形成了基于 OOU 的一体化网络组织模式及其系统设计、评价和再设计(变革)的初步理论与方法体系，为 AMM 结构特性的实现提供了一种可供选择的组织结构形式与相应的设计技术。

本书所做的主要工作及可能的创新之处包括：

（1）通过对 AMM 与组织系统技术研究的文献评述，提出了依据 AMM 的组织结构、技术演化等对其进行分类的方法，指出了生态化是未来 AMM 演化的一个重要趋势，明确了面向 AMM 的关键组织技术与研究领域，并提出了制造组织的三维度研究模式。

（2）构建了以 STS 方法（横向研究）、生命周期方法（纵向研究）、组织生态系统方法（比较研究）为主的多学科融合的研究方法体系。系统分析并指出了上述三种方法的优点与局限，提出了一个 STS 方法综合与改进的框架及制造系统价值生命周期的概念，并给出了其价值的测度评价方法，还指出了生态理论在制造组织设计中所具有的重要的借鉴价值。

（3）从组织经济学、组织管理学及技术系统的视角对制造组织进行了深入的多学科理论分析，指出了制造组织的本质特征，并建立了一个制造组织的系统模型。本书的研究突破了制造组织的传统概念，并进一步澄清了关于组织与管理关系的模糊概念，为新型制造组织的设计研究提供了概念与理论基础。

（4）提出了基于 OOU 的一体化网络组织集成设计的基本单元——最优组织单元的概念，定义并分析了 OOU 的结构与行为特性，建立了 OOU 结构的最优化模型，给出了 OOU 的设计原则与 STS 并行设计方法。

（5）从契约与 OOU 的视角，对现实中的项目团队、永久团队、动态联盟与战略联盟四种团队及其集成进行了整合分析，提出了一种新的组织结构及其设计模式——基于 OOU 的一体化网络组织结构及其集成设计模式，给出了其集成设计的原理及一体化集成分析的参考框架，描述了该组织模式的基本特征与优点。

（6）作为基于 OOU 的一体化网络组织集成设计模式的理论应用，对组织的多生命周期问题进行了探讨，提出了多生命周期组织的概念，解释了组织的生命特征及其代际遗传的机理，给出了多生命周期组织的设计原理。

（7）针对基于 OOU 的一体化网络组织集成设计中的两个关键问题——OOU 的优化选择与契约设计，分别建立了 OOU 的优化选择模型与团队契约最优设计的博弈分析模型；建立了一个制造组织结构的综合评价模型，并运用 AHP 与模糊判别法给出了评价实例。

（8）通过对彻底变革（BPR）与持续改进（TQM）两种经典变革模式的功能、特点与局限的分析、比较，融合二者的优点，提出了制造组织变革及其管理的一种新模式——持续创新（Continuous Innovation，Reformation and Improvement，CIR）模式。

本书具有系统全面、应用性强、内容新颖的特点。其读者对象为从事管理学特别是从事组织理论与设计、制造系统工程和工业工程等学科领域研究的学者与工程技术人员，以及与上述领域相关的本科生和研究生。

在本书的编写过程中，参阅了许多资料，在此向有关的作者致以诚挚的谢意。

由于作者水平有限，书中不足之处在所难免，欢迎读者批评指正。

王安民

西安电子科技大学

2014 年 7 月

目　　录

第一章

先进制造模式与组织系统技术导论

　　本章将通过先进制造模式（Advanced Manufacturing Mode，AMM）与制造组织技术研究的文献研究，分析 AMM 研究与实践的发展现状，并通过 AMM 的比较与分类分析，探求 AMM 的特点与演化趋势；分析制造组织与组织技术的发展，明确面向 AMM 的关键组织技术与研究领域，从而确定本书的研究领域与研究方法。

1.1　先进制造模式研究的发展

1.1.1　AMM 研究发展的评述

　　先进制造模式（AMM）是泛指各种比大规模制造模式更能适应当代市场与技术环境变化、更具发展前景的制造模式，它的出现是制造模式的一场革命，其发展的背景是 IT 革命与工业经济向知识经济的过渡。20 世纪 80 年代以来，学者们提出的 AMM 已多达 60 余种[1]。这些模式观点各异、各具特色。下面依据相关文献对 AMM 的研究发展作一简要评述。

　　1988 年，GM 公司和 Lehigh 大学共同提出了灵捷制造（Agile Manufacturing，AM），形成了一种以快速反应为核心理念的新型制造概念与制造战略[2]；1989 年，MIT 大学国际汽车计划（IMVP）的 Womack 教授等人在对丰田公司等 90 多家汽车厂考察、研究的基础上出版了《改变世界的机器》一书，在总结丰田方式的基础上提出了精益生产（Lean Production，LP）模式，其目标是彻底消除一切无效劳动和浪费[3]；柔性制造（Flexible Manufacturing，FM）是较早于 20 世纪 60 年代提出的 AMM，它主要依赖对柔性技术设备的投资来提高制造系统对内外环境变化的适应能力[4]；我国学术界则在融合 LP、AM、FM 的理念，及结合中国国情的基础上提出了精益-灵捷-柔性（Lean-Agile-Flexible，LAF）的制造系统模式[5]。

　　20 世纪 90 年代，德国的 Warnecke 提出了分形制造（Fractal Manufacturing，FM）模式，该模式源于分形地理的概念[6]；生物制造（Biological Manufacturing，BM）是一种通过学习生物系统的结构、功能及其控制机制，解决制造过程中的一系列难题的新概念和新方法[7]；全息制造（Holonic Manufacturing，HM）起源于 20 世纪 60 年代 Koestler 等人对生物和社会组织的形式及其演变过程的研究[8]。HM 代表了一种理想制造模式和制造理念。FM、BM 和 HM 的一个共同特点是强调制造组织的单元性。与之相类似的还有智能制造（Intelligent Manufacturing，IM），IM 最初是由日本的 Yoshikawa 于 1989 年提出的[9]，其制造系统是一种由智能机器和人类专家共同组成的人机一体化智能系统。

　　美国 Harrington 博士于 1973 年在《Computer Integrated Manufacturing》一书中首次提出了计算机集成制造的理念[10]。计算机集成制造系统（Computer Integrated Manufacturing System，CIMS）是基于计算机集成制造理念而组成的现代制造系统。随着计算机集成制造系统概念的发展，其具体含义也不断扩展。我国 863/CIMS 主题在研究与实践的基础上提出了现代集成制造与现代集成制造系统（Contemporary Integrated Manufacturing System，CIMS）。现代集成制造在广度和深度上拓展了计算机集成制造的内涵，它更强调系统集成的信息化、智能化、计算机化，以及人因与组织的重要性[11]；日本学者 Ito 和 Hoft 依据制造结构的发展提出了柔性计算机集成制造系统（Flexible Computer-Integrated Manufacturing System，FCIMS）[12]；此外，还有计算机集成人机制造（Computer Integrated Man-machine Manufacturing）模式等。这些制造模式的一个共同特点是强调制造系统与组织的系统集成。

20 世纪 60 年代美国学者 Orlicky 提出了物料需求计划（Material Requirement Planning，MRP）[13]，70 年代又出现了制造资源计划（Manufacturing Resource Planning，MRPⅡ），美国 Gartner Group 公司于 1990 年提出了企业资源计划（Enterprise Resource Planning，ERP）[4]，该计划主要是建立在信息技术基础上，以系统化的管理思想，为企业提供决策运行手段的管理平台；80 年代以色列又提出了制约条件理论（Theory of Constraints，TOC），它是犹太物理学家 Goldratt 从最优生产技术（Optimal Production Technique，OPT）发展形成的理论[14]；1986 年，美国正式提出了并行工程（Concurrent Engineering，CE），亦称为生命周期工程（Life-cycle Engineering，LCE），它是一种系统的集成方法，采用并行方法处理产品设计及其相关过程，包括制造过程和支持过程，这个方法可以使产品开发人员从一开始就考虑到产品从概念设计到整个生命周期的所有因素[4]；1993 年，美国学者 Hammer 和 Champy 出版了著名的《Reengineering the Corporation—A Manifeso for Business Revolution》一书，提出了业务流程重组（Business Process Reengineering，BPR），倡导对企业的业务流程进行根本性再思考和彻底性再设计[15]；其他强调人因、组织与管理的 AMM，如全面制造管理（Total Manufacturing Management(Solutions)，TMM/TMS)是一个以发展高度柔性的、零缺陷和最小流转时间的生产系统为目标的先进管理模式[16]；此外，还有基于思考方式的制造（Thought Model-Based Manufacturing，THOMAS），出自于智能制造研究计划中，其概念是用深层知识来生产具有高增加值的产品[17]；与其相类似的 AMM 有以人为中心的生产系统（Anthropocentric Production System，APS），它是欧洲共同体研究项目 FAST（Forecasting and Assessment in Science and Technology)提出的一种先进制造思想，主要观点是要对人员技能、组织协作和相应的高技术进行优化，被认为是有效的、富于竞争力的工具[19]；基于作业的管理（Activity Based Management，ABM）是基于作业成本法（ABC）的新型集中化管理方法，其目的在于尽可能消除不增值作业、改进增值作业，并提高其效率，优化作业链与价值链，最终增加顾客价值。

虚拟制造(Virtual Manufacturing，VM)是在 1991 年由美国的《21 世纪制造企业的发展战略》报告中提出的一种新概念[2]。之后，日本的 Onosato 和 Iwata 在 1992 年提出了以 3D 技术和面向对象的程序设计技术建立虚拟工厂，并在 1993 年提出了虚拟制造系统的概念；Kimura 在此基础上描述了虚拟制造系统的产品和工艺模型；1994 年，美国的 Lawrence Associates 公司综述了虚拟制造的概念、重要性和一些相关内容的关键技术；后来，Iwata 又在 1995 年给出了虚拟制造系统的模型和仿真结构。绿色制造(Green Manufacturing，GM)的有关研究可以追溯到 20 世纪 80 年代，但比较系统地提出 GM 概念、内涵和主要内容的文献是美国制造工程学会(SME)于 1996 年发表的关于 GM 的专门蓝皮书《Green Manufacturing》。GM 是以最有效地利用有限的资源和保护环境为目标的 AMM。大规模定制(Mass Customization，MC)是根据每个用户的特殊需求提供定制产品的一种 AMM，它是适应顾客需求日益个性化、多样化的趋势而发展起来的一种新型制造模式。

可重构制造系统(Re-configurable Manufacturing System)是针对美国 Lehigh 大学的灵捷制造系统研究而由美国密歇根大学提出的，主要目的是为了克服 CIMS 和 FMS 的缺点；分散化网络制造系统(Dispersed Network Manufacturing System，DNMS)是由香港理工大学和同济大学提出的，是实现灵捷制造和可持续发展的一种 AMM，主要是通过制造资源网和 Internet 快速建立高效的供应链、市场销售和用户服务网而实现的；单元制造(Cellular Manufacturing)是近年在发达国家得到迅速发展的一种 AMM，单元制造包括单元构建、设计和管理三个方面；由张曙教授所提出的独立制造岛(Island Manufacturing)是以强调信息流的自动化为特点的 AMM；扩展企业(Extended Enterprise)用于定义一种产品的全球供应链的特征，这种供应链往往是企业处在一个复杂的动态的网络环境中；2000 年在昆明举办的"集成自动化国际技术交流会"上，美国的罗克韦尔提出了自动化的最新概念——电子化制造(E-manufacturing)。

此外，学者们还提出了很多制造模式，如快速反应(Quick Response)、准时制制造(JIT Manufacturing)、同步制造(Synchronous Manufacturing)、合同制造(Contract Manufacturing)、自主性分散化网络制造(Autonomous and Distributed Manufacturing)、多代理制造

(Multi-agent Manufacturing)、下一代制造（Next Generation Manufacturing，NGM）、计算机辅助后勤支持（Computer Aided Logistics Support，CALS)系统、生命周期发展支持（Continuous Acquisition and Lifecycle Support，CALS)系统[18]、供应链管理（Supply Chain Management，SCM）、基于文化差异的单元生产（Cultural Difference-Based Cell Production)等。

1.1.2 主要 AMM 的分析

1. 基于性能的 AMM：柔性制造、精益生产、灵捷制造、LAF 生产

（1）柔性制造（FM）。柔性制造系统（Flexible Manufacturing System，FMS)是由统一的信息控制系统、物料储运系统和数字控制加工设备组成的，能适应加工对象变换的自动化制造系统。在结构上，FMS 一般具有多个标准的制造单元。FMS 包括计算机数控（DNC）、柔性制造单元（FMC）、柔性制造系统、柔性加工线（FML）等[4]。

FMS 的关键技术包括计算机辅助设计、模糊控制、人工智能、专家系统、智能传感器技术及人工神经网络技术等。FMS 是较早提出与实施的 AMM。FMS 主要是通过投资先进制造技术来提高制造系统对环境变化的适应能力。但早期的实践表明 FMS 并未完全取得所预期的效果，学者们认为其主要原因是，早期的 FMS 实践忽视了组织与人的因素。弥补该缺陷后，FMS 仍然是一种重要的 AMM[4]。

（2）精益生产（LP）[3]。LP 是以最大限度地减少企业生产所占用的资源和降低企业管理与运营成本为主要目标的生产方式。其核心表现形式为大力精简中间管理层并雇佣最少的非直接生产人员；尽可能用最小的变异部件来减少生产中的失误并可增大加工批量；所有生产过程（包括整个供应链）要避免任何环节上由于低质量所带来的浪费，以及保证准时生产。LP 的结构基础是计算机网络支持下的团队工作方式和并行工作方式，全面质量管理（TQM）、准时制（JIT）和群组技术（GT）构成精益生产方式的三大支柱。其特征可归结为：以用户为上帝，以人为中心，以精益生产过程为手段，以产品的零缺陷为最终目标。

LP 的核心理念是消灭一切浪费。这种理念的实现是基于四种具体的方法与思想的共同作用，即流程管理、以人为本、合作制胜以及精益求精的思想。LP 的基本目的是同时获得极高的生产率、质量和柔性。LP 在组织上强调企业各部门相互密切合作的综合集成。LP 不仅要求在技术上实现制造过程和信息流的自动化及其集成，更重要的是从系统的角度对制造活动及其社会因素进行全面的、整体的优化。

（3）灵捷制造（AM）[2]。AM 是一种全新的制造概念，Goldman 将灵捷性定义为企业在快速变化和分散的市场中的生存能力[19]。Kidd 在1994 年将 AM 定义为一种结构。构成这个结构的基石是三种基本资源：有创新精神的管理结构与组织，有技艺、有知识的高素质人员和先进制造技术。灵捷源于这三种资源的有效集成[20]。实现 AM 的组织形式是虚拟公司（Virtual Corporation）。尽管不同人对 AM 有不同的理解，但 AM 的观点已得到了广泛认可，被誉为 21 世纪制造企业的主要形式，1992年美国政府将其作为"21 世界的制造企业战略"[2]。

关于 AM 的研究有大量的文献，Yusuf 给出了 AM 的综合定义[21]；Sharp 建立了 AM 的理论模型[22]；Gunasekaran 给出了 AM 的体系框架[23]。AM 的总体技术体系包括 AM 方法论和 AM 综合基础两大部分[2]：前者包括 AM 的理念、描述体系、实施方法三大部分；后者包括 AM 的三层基础结构（信息基础结构、组织基础结构和智能基础结构）和四类使能技术（敏捷制造信息服务技术、敏捷管理技术、敏捷设计技术、可重组可重用的制造技术），这为 AM 的实施提供了一个指导性框架。

AM 的关键是如何处理变化，核心理念是资源集成与快速应变。Goldman 提出了 AM 的运作规则：为顾客创造价值；通过合作来加强竞争力；通过合适的组织来主导变化的和不确定的环境；充分发挥人和信息的作用[19]。因此，AM 具有应变性、虚拟性、分布性、单元性等特点，涵盖了众多 AMM 的观点。

（4）精益-灵捷-柔性（LAF）生产系统[5, 24]。LAF 生产系统全面吸收了 LP、AM 和 FM 的精髓，包含 TQM、JIT、BPR 和 CE 等现代生产与管理经验，并将这些技术和经验及相关资源集成为一个独特的管理环境和生产实体。

LAF 生产系统的根本目标是快速灵敏地响应市场变化、高效地满足消费者需求。其三大基础是三种并重的基本资源：有创新精神的管理结构和组织，有技艺、有知识且拥有适当权力的人员，先进制造技术。精益、灵捷和柔性来自于这三种资源的有效集成。从管理角度看，LAF生产系统中有待解决的核心问题是组织创新、富有创造精神的高素质人员的培养和三种资源的集成问题。

　　LAF 的基本特征是：强调组织创新和人因的发挥；适度松弛对制造技术先进性的苛求；全面吸收精益生产、灵捷制造和柔性制造的各家之长。

2. 基于单元的 AMM：生物制造、分形制造、全息制造、智能制造

　　（1）生物制造（BM）[7]。BM 是生态制造模式的典型体现，它是通过学习生物系统的结构、功能及其控制机制，集成现代制造过程的新概念和新方法。BM 系统具有类似生物的自组织、自适应、自相似结构与分布化控制等特点，使组织结构、制造模式、制造技术和信息技术实现有机集成。在理论基础上，BM 强调生命科学的应用，方法包括基因算法、进化算法、强化学习和神经网络等。

　　BM 模拟生物的运行机制，BM 系统以生产单元为单位，在信息和物流的环境中，通过协调者的作用来满足外界需求的订单。BM 将这种生产单元称为模元（Modelon）。通常，BM 就是依靠模元的结构来实现整体与部分关联、自决策、集成和自主单元间的协调的。在设计上，BM采用基于单元和团队的系统设计，设计对象是自主、合作和智能的制造实体。其设计包括单元、集合与系统的设计，可与现有的系统设计方法相结合，如面向对象的结构方法，但在寻求单元的遗传基因时存在困难。

　　（2）分形制造（FM）[6]。FM 源于分形地理的概念，分形的概念用来描述自然界许多形状的结构和粗糙度不随形状的变化而发生改变。这种结构的一个显著特征是物体的每一部分包含了整个结构的特征。

　　分形结构的三个基本特征是：自组织、自相似和动态性[6]，其中最基本的是自相似。在 FM 中，通过自组织将自相似的作用加以放大。FM中包含许多分形体，它们虽然内部结构各不相同，且各有侧重，但其目标都是一致的。目标之间是通过专门的目标系统来协调的。当发生外界变化时，系统内部的分形体在目标系统的协调作用下各自发挥自己的作用来共同应付变化。FM 目标的实现不是依靠详细的计划，而是依靠分

形单元的自组织和协作来保证中间结果与最终目标的。

FM 采用动态可重构结构在市场中积极响应机遇而进行变化,用全局观点构造动态生产和组织结构及分形单元结构。为了追求自相似性,FM 不按传统方式设置管理部门,而将这些职能分布到具有制造功能的分形单元中。FM 还有另一个性质:自优化,使分形单元具有自治性。分形公司实质上是一个关于企业全部过程的生物集成系统。FM 的设计采取一种交叉项目设计的方法进行。

(3) 全息制造(HM)。全息制造起源于 Koestler 等人对生物和社会组织的形式及演变过程的研究,表示一种理想的制造模式和制造理念,目的是在制造业中获得全息组织带给生物组织及社会组织领域这样的优点:抗扰动的稳定性,对变化的适应性、灵活性,以及有效利用资源。

全息制造系统(Holonic Manufacturing System,HMS)是一个高度分布的制造系统体系结构,它由一系列标准的和半标准的、独立的、协作的和智能的全息体所组成。全息制造由全息制造系统、全息结构体(Holarchy)、全息体(Holonic)组成,同时具有自主特征和合作机制。全息体是基本的组成单元,它同时具有自主决策和集成的双重特性。全息体与一般的系统功能构件有本质的区别,后者只能被动执行上级的命令,而全息体在遇突发事件时有不依赖上级而直接处理事件的能力。全息体具有执行本地智能决策、选择候补方案或处理同一级全息体直接协商,并委托其执行的能力。

HMS 的结构具有两个显著特点:一是系统内全部全息体原则上都是平等的,不存在严格的上下级关系;二是系统中存在明确的规则限制全息体的自由度,保证全息体之间可以相互合作。这样在全息系统中全息体之间存在着"包含"关系,即全息体可以循环递归定义[8]。

(4) 智能制造(IM)。智能制造目前尚无公认的定义。目前,智能制造系统(Intelligent Manufacturing System,IMS)与智能制造技术(Intelligent Manufacturing Technology,IMT)的发展已超越了最初的人工智能应用,发展到今天面向世界范围的整个制造环境的集成化与自组织能力,包括制造智能处理技术、自组织加工单元、自组织机器人、智能管理信息系统、多级竞争式控制网络、全球通信与操作网等。

IMS 的研究开发的主要目标有两个：一是整个制造过程的全面智能化，以机器智能取代人的脑力劳动为主要目标，强调制造过程大范围的自组织能力；二是信息和制造智能的集成与共享，强调智能型的集成自动化。

Yoshikawa 认为 IMS 应包括三个主体[9]：全球制造技术的短期开发、环境友好的制造技术、全球制造的人因和文化的开发。IMS 结构有多种类型，目前较流行的是基于 Agent 的分布式网络化 IMS 模型。IMS 的主要特征是自组织、自学习、自控制能力与系统的智能集成等。智能制造解决问题的思路是综合采用各学科各种可能的先进技术与方法，如人工智能、智能制造设备、分布自治技术、计算机技术、信息科学、管理科学等，来解决制造系统的各种问题。IMS 重在目标与思想，对其具体实现形式并无统一规定，具有极强的适应性、友好性等[10]。

3. 基于集成的 AMM：计算机集成制造、现代集成制造、柔性计算机集成制造

（1）计算机集成制造（CIM）[10]。计算机集成制造（CIM）的概念有两个基本观点：① 企业生产的各个环节是一个不可分割的整体，要统一考虑；② 整个制造过程实质上是一个数据的采集、传递和加工处理的过程，最终形成的产品可看作是数据的物质表现。这两个观点至今仍是计算机集成制造系统（CIMS）的核心部分。

国外关于 CIMS 的研究和应用实践，基本上是从纯技术的领域开展的。CIM 的典型定义是 1982 年欧洲信息技术研究与开发战略委员会（ESPRIT）所给出的[4]：CIM 是制造过程全面的、系统的计算机化。它依靠公用数据库来实现 CAD、CAM、CAPP、计算机辅助测试、维修、装配等活动的集成。基于该定义所开发的 CIMS 开放系统结构（Open System Architecture），由于采用了开放性、分布式、递阶控制的总体技术方案，而被国际标准化组织（ISO）列为国际标准试用方案。

CIMS 由分布式数据库和计算机网络以及指导集成运行的系统技术构成，其基本方法包括 CAD、CAM、CAPP、MRP、GT 等制造方法。CIM 通过 IT 将工厂中的 CAD、CAPP、CAM 及经营管理等集成起来，按照预测的方式实现加工过程的自动化。CIMS 的核心理念是从系统工

程的整体优化观点出发，综合考虑市场需求、企业目标、技术支撑条件和人的因素，利用现代 IT、制造技术及两者的有效结合，对制造过程的各个局部系统进行有效的综合集成，以达到全局优化的目的[10]。

（2）现代集成制造（CIM）[11]。现代集成制造系统（CIMS）在广度和深度上拓展了计算机集成制造系统（CIMS）的内涵。其概念包含信息化、智能化、计算机化。其集成的范围包括企业产品全生命周期活动中人/组织、技术和经营管理三种要素与信息流、物流和资金流三流的集成优化。现代集成制造系统（CIMS）的主要理念是制造过程的数字化、信息化、智能化、集成优化和绿色化；主要竞争目标是缩短企业新产品（P）开发的时间（T）、提高产品质量（Q）、降低成本（C）、改善服务（S）、有益于环保（E）。现代集成制造系统（CIMS）的基本技术包括制造技术与现代信息技术、管理技术、自动化技术、系统工程技术等。

吴澄院士指出[11]：现代集成制造系统（CIMS）是信息时代提高企业竞争力的综合性高技术，通过信息集成、过程优化及资源优化，实现物流、信息流、资金流的集成和优化运行，达到人、经营和技术三要素的集成，以提高企业的市场应变能力和竞争能力（TQCSE）。现代集成制造系统（CIMS）强调系统观点，扩展了系统集成优化的内容；指出了 CIMS 技术是一门发展中的综合技术，并强调信息技术的关键作用。现代集成制造系统（CIMS）特别突出了管理与技术的结合，以及人在系统中的重要作用。

（3）柔性计算机集成制造（FCIM）。柔性计算机集成制造系统（FCIMS）将多种 AMM 有机地结合起来，它包括了由分散单元构成的全球自主制造、精益和灵捷制造、生态制造、基于人因的制造、基于不同文化的制造、地域和人种协调制造等。Ito 和 Hoft 进一步将这些制造模式归结为高度自动化的系统、基于人因和智能的系统等两大系统[12]。

FCIMS 的理念体现为自动化和系统集成两个特征，强调计算机集成制造中的人、文化与制造过程的集成。Ito 和 Hoft 所倡导的基于地域和人种特性相互协调的制造（Region and Racial Traits-harmonized Manufacturing，R^2TH）、基于不同文化的制造（Cultural Difference-based Manufacturing）等，代表了一种新的社会性制造理念[25]。FCIMS

可缩短产品的制造周期，降低成本和改善产品的质量，将产品、工艺和制造管理信息综合于交互式网络中，极大地减少了产品制造过程中所需的投入。

1.1.3　若干 AMM 的比较

1. 基于单元的 AMM 的比较：生物制造、分形制造、全息制造

强调结构的单元性是现代主要 AMM 的一个共同特点，如 BM、FM、HM、IM、单元制造、多代理制造、可重构制造、独立制造岛等。下面对处于前沿地位的 BM、FM、HM 三种模式作一比较。

尽管生物制造（BM）、分形制造（FM）与全息制造（HM）三种模式的起源不同，但由于三者采用的都是基于单元性的组织结构，使得三者在理念、设计及运作机理等方面表现出高度的相似性：

（1）三种制造模式的共同特征都是分散化、自主性地响应动态变化的环境，其目的都是为了在动荡的市场环境中提高制造系统的柔性，且途径也都是建立基于单元的分散化、自主性、相互合作的系统结构，这正是现代制造组织发展的一个重要趋势。

（2）在设计上，三种制造模式都强调支持系统的分散性和自主性，都采用基于单元和团队的系统设计思想，设计对象都是自主、合作和智能的制造实体。

（3）在运行上，三种模式都强调通过在纵向和横向上的柔性协调来促进个体行为的一致，并依赖一些特定的规则；在个体自身的计划与协调上，通过实体具有的扩展的交流和合作功能，各模式都表现出更加动态和并行计划的趋势。

（4）在研究方法上，三者是相似的，如强调基因算法、进化算法、L系统、强化学习和神经网络等。

三种模式在起源和理论基础上存在着差异，如 BM 强调生命科学，FM 强调分形理论，而 HM 则强调相似理论。因此，三者在具体概念、设计方法与运行上又有各自的特点。表 1-1 根据文献[25]给出了三种模式设计特点的比较。

表 1-1 BM、FM、HM 三种模式设计特点的比较

系统属性	生物制造(BM)	分形制造(FM)	全息制造(HM)
单元定义	细胞：通过遗传灵活定义，作用多样化	分形体：共同服务的实体，多尺度（技术、人因、文化）	全息体：功能型，预先定义
集合定义	器官：通过细胞分类来支持需要的功能，比较灵活	预先定义，作为相似服务分形体进行递归，可以动态重组	通过全息结构体预先定义全息体的设置来支持特殊功能
单元自主性	自动化程度高，细胞可以根据工作过程中的变化来定义操作	自动化程度高，自行设置单元的目标，通过自身生命力来适应变化	自动化程度高，通过合作来定义目标和任务，在协商时相互独立，但是受到设置规则的限制
集合自主性	通过遗传和操作的自主性预先定义器官的功能	自相似性分形体的遗传，目标自主，动态重构	在固定规则制约下，利用中间媒体实现柔性战略

2. 基于集成的 AMM 的比较：计算机集成制造、现代集成制造、柔性计算机集成制造

强调系统的集成性是现代 AMM 的又一个主要共同特征，这是现代经营模式演化，以及与组织结构的单元化趋势相关的必然趋势。下面对作为系统集成性典型体现的计算机集成制造、现代集成制造与柔性计算机集成制造三种模式作一比较。

这三种模式之间的差别主要在于各自的自动化程度与所涵盖内容的不同。计算机集成制造包括整个制造系统的自动化；现代集成制造是中国提出的一种广范围的制造集成，包括制造过程的所有要素的集成。而柔性计算机集成制造更是强调计算机集成制造中的人和文化与制造过程的集成。

比较国内外关于 CIM 的理念和模式，可看出现代集成制造与计算机集成制造的本质差异在于前者对人、组织、管理因素的重视。虽然 CIMS 的应用首先是从信息集成开始的，并注重技术因素，但如果没有

人、组织、管理的集成优化及相应技术的支持，单纯的信息及技术集成是难以发挥出良好效果的。柔性计算机集成制造与前两者比则自动化程度更高、灵活性更强。表1-2简要总结了三者之间的特点比较。

表1-2 计算机集成制造、现代集成制造、柔性计算机集成制造的特点比较

系统属性	计算机集成制造(CIM)	现代集成制造(CIM)	柔性计算机集成制造(FCIM)
集成范围	制造系统	制造过程的全过程，并具有开放性	制造过程、人与文化
系统目标	自动化	自动化、信息化与系统优化	高度自动化、智能化、社会化
集成因素	先进技术	人/组织、技术、管理	先进技术，地域、人种与文化差异
结构形式	网络化结构	网络化结构	自主性分散化制造组织网络

1.2 制造模式演化的特点与规律

1.2.1 制造模式的演进过程

制造模式，通常被理解为实现制造目的的组织方式[25]。它是基于价值创造的特定技术及其与之适应的组织结构协调构成的制造活动方式，其本质是制造战略、制造组织与制造技术的协同方式。人类制造模式的演变经历了从原始的人-工具模式、手工生产模式、单件小批量制造模式、大规模制造模式，到现代先进制造模式的历程。在该演变过程中，经历了三次大的革命性变革。

1. 制造模式的第一次革命：机器取代手工成为主导生产方式

18世纪初，蒸汽机技术的发明与改进，为纺织业和机器制造业的发展提供了巨大的推动力，引发了人类历史上第一次产业革命，机器取代手工成为主导生产方式，使人类生产力实现革命性飞跃，成为近代工业化大生产时代(工业经济时代)的开端。从18世纪初到20世纪20年代，

主要是用通用设备替代人力进行产品的单件生产。其特点是根据顾客订单组织生产，关键成员在产品设计、机械加工和装配方面都有熟练的全套技艺，因此该模式也被称为"技艺性生产方式"。该模式具有品种变化适应性较强的优点，但该模式最大的缺点是产品产量低，且制造成本高、周期长、质量与可靠性波动大。该模式中，工厂的组织结构与管理层次简单，管理不规范，整个制造业的管理尚处于经验管理的阶段。

2. 制造模式的第二次革命：大规模制造成为主导生产方式

第一次世界大战之后，Ford 在欧洲创造的"技艺性生产方式"的基础上，首创了汽车制造业的流水线。这是制造业的一次重要革命，标志着人类大规模制造时代的开始。该模式首先出现在底特律的汽车制造业中，后来扩展到汽车以外的制造业中，并成为各国工业化纷纷效仿的制造模式。

以流水线为典型代表的大规模制造模式是在 Whitney 提出的"互换性原理"和"大批量生产"概念以及 Taylor 的以劳动分工原理为基础的"科学管理"理论支持下发展起来的。该模式的特点是最大限度地利用分工的思想，企业在组织结构上追求纵向一体化与大规模。企业的纵向一体化程度越高，其规模也就越大，内部分工越仔细，专业化程度越高。简单熟练的操作提高了生产效率，使制造成本随规模而递减，同时质量的稳定性也提高。大规模制造的主要特征可概括为标准化、通用化、集中化与规模化。它能为社会提供大量质优价廉的产品，极大地提高了人类的物质生活水平，特别是推动了社会生产的分工与专业化，建立了一套完备的制造理论，并促进了科层组织的完善和经典管理理论的发展与成熟。

3. 制造模式的第三次革命：现代先进制造模式的出现

进入 20 世纪 80 年代后期，随着 IT 主导的第四次产业革命的深入和知识经济时代的到来，制造业的市场环境与企业组织发生了根本性的改变。大规模制造模式与市场的个性化需求、技术变革的趋势的矛盾日益明显，使大规模制造模式陷入难以逾越的困境：

（1）以自动化流水线为代表的大规模制造系统的刚性，与顾客日益多样化、个性化需求的矛盾。

（2）建立在大规模制造基础之上的科层组织结构所固有的决策迟缓与低效率，与环境快速变化所要求的响应速度之间的矛盾。

（3）细致分工与高度专业化所造成的工作简单化，与满足成员个人发展等社会性需要的矛盾。

（4）建立在大规模制造基础之上的组织观与竞争观，使企业在资源集成与适应超竞争（Hyper-Competition）环境中举步维艰。

这预示着主导制造业近百年历史的大规模制造模式在为人类经济发展建立了不朽功勋之后，其统治制造业主导地位的时代已经结束。也正是在此背景下，各种新制造模式研究探索与试验如雨后春笋般迅速兴起[1]。其中大部分模式尚处于研究与试验阶段。众多制造模式的出现，是因为制造业环境呈现出更加复杂多变的总体特征，同时也因不同国家制造业的状况与社会文化因素的差异，不可能只有一个标准的制造模式。AMM 呈现出敏捷性、单元性、集成性、虚拟性等多种属性。总体而言，AMM 相对于传统制造模式有三个基本特点：建立在信息技术与计算机技术平台之上；其技术基础是先进制造技术（AMT）；注重人因与组织因素，强调制造战略、制造组织与制造技术的协同[25]。

由对制造模式演进历程的简单考察可知，制造模式的演进与 AMM 的出现是由多种动因的综合作用所决定的，总体而言，是由技术与市场的发展，以及技术推动下的社会变革与组织创新所决定的。制造模式的第一次革命性变革是由纯技术因素主导的，大规模制造模式的出现则是技术创新与组织创新双重作用的结果，而在 AMM 中组织因素则扮演着更为重要的角色。

1.2.2　制造模式的分类研究

制造模式分类研究的目的在于发现新的研究领域和设计组织结构[25]。此外，制造模式的分类研究还有助于探讨制造模式的发展趋势。

1. 制造模式分类的早期研究

早期关于制造模式的分类研究，多是以技术为主要标准进行的，并认为按照技术对制造模式来分类是制造模式分类的基本方法[26]。影响较大的分类有 Woodward、Kast、Perrow 等人的研究。

（1）Woodward 的制造模式分类[27, 28]。对制造技术与组织结构之间的关系，最有影响的研究是英国的工业社会学家 Woodward。通过对 100 家英国公司的研究，Woodward 发现，可以根据三种基本的生产技术将制造模式进行分类：小批量和单件生产（Small-batch Production）、大批量生产（Mass Production）、连续流程生产（Continuous Process Production）。

Woodward 将这三种模式之间的差异称之为技术复杂性（Technical Complexity），意指机器参与活动从而排除人的劳动的程度。如果使用复杂的技术，除了监控机器以外，几乎不需要人工。小批量生产和连续流程生产的企业的组织结构在某种程度上说是松散而灵活的，而大批量生产的组织结构则是严密的纵向结构。该模式的重要贡献在于：① 他发现在这三类技术类型和相应的公司结构之间存在着明显的相关性，组织的绩效与技术和结构之间的"适应度"密切相关；② 通过实证研究指出了与三类技术相适应的组织结构的特点。

（2）Kast 的制造模式分类[26]。Kast 强调两个基本因素的重要性：① 与转换技术的复杂性有关的因素，称之为技术的复杂性；② 组织所面临的事件、任务或决策的稳定程度，称之为技术的动态性。Kast 按照该标准提出了一个从静止和简单的技术到复杂技术的连续统一体分类模式。沿着该连续统一体，他们将制造分为原始人-工具制造模式、手工制造模式、单件小批量制造模式、大规模制造模式、连续流程制造模式和先进技术制造模式等。Kast 指出，沿着这个统一体会出现很多可能的组合模式，下端是极其简单单一的人-工具技术的组织，上端是使用以动态的、复杂的知识为基础的技术的组织。该模式反映了制造模式的演进历程，并可以用来分析不同类型的技术对各种组织和组织中人的作用。

（3）Perrow 的技术模式分类[28]。Perrow 将他的注意力放在知识技术而不是生产技术上，以一种更一般化的方式对技术模式进行了研究。他建议从以下两方面对技术进行考察：成员在工作中遇到的例外的数目；为寻求妥当解决例外问题的有效方法所采取的探索过程的类型。他将第一个因素称为任务的多变性（Task Variability）；第二个因素称为问题的可分析性（Problem Analyzability）。

使用这两个因素，Perrow 区分出了四类技术模式：常规技术、工程技术、手艺技术和非常规技术。常规技术只有少量的例外，问题易于分析；工程技术有大量例外，但可以一种理性的、系统的分析进行处理；手艺技术的处理相对复杂，有少量例外；非常规技术以诸多例外和问题难以分析为特征。

Perrow 主张控制结构和协调方法必须因技术类型而异，越是常规的技术，越需要高度结构化的组织。反之，非常规技术要求更大的结构灵活性。因此，与常规技术适应的是高度正规化和集权化的结构；与非常规技术适应的是以保持很低程度的正规化为特征的结构；手艺技术要求问题以最丰富的知识和经验加以解决，这意味着组织需要分权化；而工程技术虽有许多例外情况，但具有可分析的探索过程，因此应当分散决策权，并以低正规化来保持组织的灵活性。

2. 制造模式分类的现代研究

随着 AMM 的出现与快速发展，制造模式的分类研究再次受到学者们的重视，且分类标准趋向于多样化，如出现的时间、地域和文化、功能特点、技术、组织、理念等[25,29]。

麻省理工学院的 Womack 等人将制造模式划分为手工生产、大批量生产和精益生产；Doll 和 Vonderembse 将制造模式分为手工业、工业和后工业三类[29]；文献[25]则将制造模式划分为手工作坊式生产（Craft Production）、大批量生产（Mass Production）、顾客化生产（Customization Production）三种，其前二者为传统制造模式，后者则在基本属性上涵盖了所有现代先进制造模式。文献[30]依据各制造模式的特点将它们分为六种：自组织、并行处理、分布化、集成化、简化和以人为中心，并且细分为三十三种模式。

文献[31]将各 AMM 划分为技术型模式、组织型模式、社会型模式和方法论型模式。技术型模式所依赖的主导生产要素包括资本、技术、知识等，重在关键技术方法与流程的改进，它所追求的是局部生产效率的提高，如手工生产、CAD、CAE、CAM、CAPP、逆向工程（RE）、快速成型（RP）、生物制造（BM）等；组织型模式所依赖的主导生产要素包括技术、知识等，重在通过结构的重组来改善资源的整合方式，从而提高组织整体的利益，如精益生产（LP）、群组技术（GT）、CIMS、分散网络化制造（DNM）、BPR、ERP、MRPⅡ、新一代制造（NGM）、柔性制造

（FM）、批量生产（MP）、分形制造（FM）、虚拟制造（VM）、精细供应链等；社会型模式所依赖的主导生产要素包括资本、技术、知识等，重在将技术、经济与环境因素相协调，以满足社会整体利益的要求，如清洁生产（CP）、绿色制造（GM）、生命周期评价（LCA）等；方法论型模式所依赖的生产要素主要是知识，它所追求的是持续的利益，如 CP、GM、DNM、LCA 等，它与上述技术型、组织型和社会型模式之间是交叉的。

人见胜人将各种多品种小批量制造模式分为四种[32]：概念主体型模式（如 IE、GT、以零件为中心的生产方式等）、计划自主体型模式（如MRP、批量进度计划、模块生产等）、实施主体型模式（如柔性自动化、FM 等）和控制主体型模式（如 JIT、联机生产管理等）。

3. 制造模式的两种新分类方法

制造模式的本质是制造战略、制造组织与制造技术的协同方式。这三个方面也是制造模式分类的基本依据，以下尝试提出两种新的制造模式的分类方法。

（1）制造模式的连续谱系分类。技术与组织是任何制造系统和制造活动中最基本的两大要素。技术是用来把组织的投入转变成产出的知识、工具、技巧和活动程序，它包括机器、员工技能和工作程序，是制造系统活动的基础资源。组织作为制造资源的整合方式，决定着制造系统的基础结构，从而决定了制造系统的功能与效率。

传统研究的一个基本局限是将技术与组织割裂开来，孤立地进行研究。但对任何实际的制造活动而言，技术与组织是不可分割的。此外，国外学者对制造模式的分类研究大多是基于结构适应技术的观点，从技术的角度进行研究的，但由于技术并不是决定结构的唯一因素，因此这些研究有明显的局限性。本书将技术与组织作为两个维度，来对各种制造模式进行分类，见图 1-1。

技术、组织及其结合方式均具有多样性，其技术、组织及其环境处于不断的变动与发展之中，因此，制造模式可以有无穷种，从以技术为主导到以组织为主导，形成一种频谱式连续统一体。

在制造模式中，技术与组织的结合方式受工业系统工程（工业工程/制造系统工程）、信息技术、文化与管理实践三类因素的影响，从而决定了制造模式的特点。在制造模式中，一种特定的技术往往可以有多种组

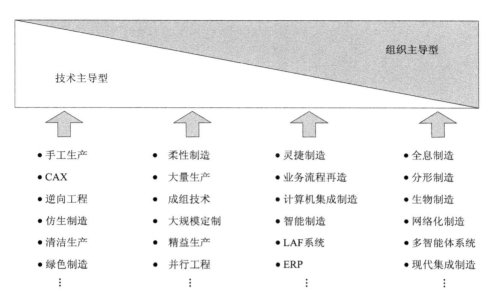

图 1 - 1　制造模式的连续谱系分类

织结构与之相配合。在技术与组织之间，技术是相对稀缺和缺乏选择性的资源，而组织是更活跃、更具创造性的因素，上述三类因素的影响也主要是通过影响组织而发挥作用的。此外，技术的影响主要局限于与制造活动直接相关的活动，而组织则在更大乃至全球的范围内发挥作用。因此，制造模式创新的主导因素是组织因素，近年来大量新制造模式的出现，正是由于 IT 在制造领域的运用，引起组织的创新而推动的。

（2）制造模式的生命周期分类。按照经济学中技术扩散与产业需求的规律，下面采用全球视野来探讨制造模式的分类。将技术的发展用技术成熟度来描述，分为创新技术（G_1）、扩散技术（G_2）、转移技术（G_3）和成熟技术（G_4）四个阶段，将技术的产业需求分为高、低两种，由此可形成制造模式的生命周期分类法。依照该方法可将制造模式分为创新技术模式、扩散技术模式、转移技术模式和成熟技术模式四种，如图 1 - 2 所示。

创新技术模式：一种新技术的首次商业化运用，从全球范围看产业需求尚不大；该技术的开发者拥有技术专利，进行垄断制造，竞争格局尚未形成。该模式所依赖的主导资源是其拥有的专利技术。

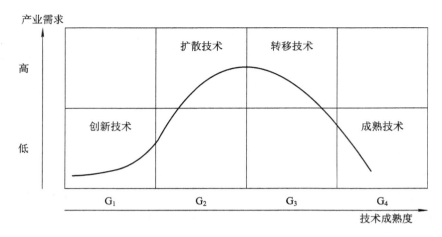

图1-2　制造模式的生命周期分类

扩散技术模式：技术已在发明者所在国国内，甚至已在其他发达国家或地区扩散；产业需求扩大，发明者的垄断地位不复存在，市场竞争加剧。该模式所依赖的主导资源仍然是其核心技术，但技术已不再是唯一的主导性资源。

转移技术模式：技术已趋于成熟，并开始向具有要素禀赋、比较优势的国家或地区转移；产业需求亦趋于成熟，全球化竞争日益激烈。该模式所依赖的主导资源已不再是技术，而是劳动、资本或土地等经济要素。

成熟技术模式：技术已成为完全成熟的常规技术，产业需求也因逐步进入衰退期而呈下降趋势，早期制造的发明国家和其他发达国家由于不一定具有要素禀赋、比较优势，而退出该产业领域，但全球化竞争并不一定缓和。该模式所依赖的主导资源是劳动、资本或土地等经济要素。

该制造模式分类方法的意义在于，它揭示了由于技术扩散规律决定的生命周期内核心技术、产业需求、市场竞争及其资源依赖的演化特点，从而揭示了基于特定技术的制造模式的变革规律与趋势，具体体现在以下两个方面：① 该分类方法揭示了生命周期中不同阶段所依赖资源密集性的特点，创新技术模式和扩散技术模式（即 G_1、G_2 阶段）属于技术密集型制造模式，转移技术模式和成熟技术模式（即 G_3、G_4 阶段）属于劳动或资本密集型制造模式；② 技术发展的不同阶段及其所依赖资源密集性的不同特点，决定了与之相适应的组织结构的不同特点。

1.2.3　制造模式的发展趋势

AMM 的出现及其发展的趋势是由技术的发展、市场的变化所决定的。目前，以 IT 为先导，不仅 AMT 的发展已达到了前所未有的高度，且市场环境已发生了巨大变化：① 消费者的价值观念发生了根本的变化，需求日趋主体化、个性化和多样化；② 消费者成为市场的主宰，个性偏好的多变性特征使市场需求呈现出多变性；③ 定义需求的信息量剧增，需求的多样性及多变性使得描述需求的信息量剧增；④ 交通、通信及贸易自由化的发展使得制造业及其市场竞争的全球化趋势不断强化；⑤ 市场竞争空前激烈，产品的生命周期缩短，响应速度成为竞争的焦点。在此情况下，企业面临一个被消费者偏好分化、变化迅速且无法预测、激烈竞争的、全球化的市场环境。

以大批量生产为主要特征的传统制造模式赖以建立的基础是大规模市场，其核心思想在于提高生产效率，因而围绕着制造过程形成了配置企业内部资源和社会资源的刚性系统，这种系统很难重新配置，不适应变化迅速的市场环境，很难实现制造资源的动态优化整合，这已成为阻碍快速响应市场的主要障碍，实现制造模式的历史性变革已刻不容缓。

由于消费者需求的多样化及产品市场寿命的缩短，企业必须随时掌握消费者需求的变化，按照这种变化进行制造资源配置方式的调整，把握市场机遇和制造资源配置方式是影响企业效益的主要因素。因此，知识经济时代制造业面临的基本问题是[1]：识别消费者个性化需求的变化；快速配置特定市场机遇所需要的制造资源；制造资源的充分利用。因此，20 世纪 80 年代后期以来，美国、日本以及西欧一些发达国家投入大量人力、物力，竞相研究适应环境变化的新型制造模式。这些研究最终形成了革新企业组织与管理的新思想，并提出了大量崭新的制造模式，在全世界范围产生了广泛而深远的影响[25]。

各种 AMM 的理念代表了一股普遍要求革新企业组织与制造方式的新思想。就总体趋势而言，制造模式的重大变革趋势有以下几个方面：

（1）制造资源从以技术为中心向以知识、人因与组织为中心转变。

（2）组织结构从金字塔式的层级结构向扁平化的网络结构、虚拟组织转变。

（3）制造过程由按功能配置向按流程配置、由串行方式向并行方式转变。

（4）制造技术由传统制造技术向先进制造技术、信息技术、智能技术转变。

（5）竞争战略从质量第一的竞争战略向快速响应市场的竞争战略转变。

图1-3描述了由市场变化与技术发展所推动的AMM的发展趋势。与传统制造模式所提倡的集中化、通用化、标准化、规模化等特征不同，AMM的发展，在技术上，其信息化、自动化与智能化已达到了一个前所未有的水平；在性能上，AMM追求柔性化、精益化、灵捷化、绿色化；在结构上，AMM呈现单元化、集成化、网络化、虚拟化与生态化趋势。从性能与结构特性看，生态制造涵盖了大多数前沿性AMM的属性，因此，本书认为生态制造模式代表了AMM演化的未来趋势。目前，AMM还正处于理论探索和实践试验的阶段，但AMM取代传统制造模式的趋势是不可逆转的。

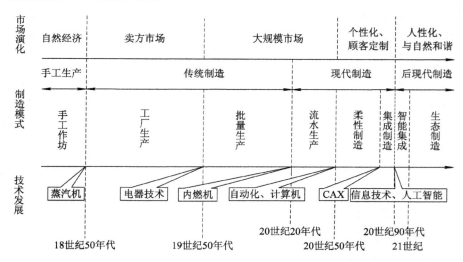

图1-3　由技术与市场推动的制造模式的演化

（资料来源：根据肖忠东、孙林岩所著《工业生态制造——剩余物质的管理》（西安交通大学出版社，2003年）一书的资料整理修改）

1.3 制造组织和组织技术的研究与发展

1.3.1 制造组织研究发展的评述

20 世纪 90 年代以来，随着知识经济的出现、IT 的发展，经济的全球化趋势以及市场环境的深刻变化，传统制造业面临着严峻的挑战。以 IT 为主导，AMT、AMM 层出不穷，推动了传统制造组织的变革与创新，出现了大量新的组织形式。下面主要以结构为线索，对有关团队组织、网络组织、学习型组织、联盟组织等方面的研究与发展作一评述分析。

1. 团队组织

管理专家 Drucker 指出：明天的组织是趋于扁平化，以信息为基础并且是围绕着团队组建起来的。20 世纪 80 年代以来，团队组织成为竞相研究的热点领域。在有关团队组织理论的文献中，不同学者从不同角度给出了团队的定义。Salasetal 等人指出团队具有共同目标、特定的角色与功能，团队成员之间相互依存；Katzenbach 和 Smith 认为团队成员技能互补，具有共同目标，可共同承担责任；Shonk 指出团队具有共同的目标和协调的活动；Robbins、Lewis 等人也持有类似观点。虽然不同学者由于出发点、研究背景等方面的差异对概念的表述不尽相同，但都认为团队成员必须有共同的目标、成员相互依赖、有归属感和责任心。Sundstrom 根据四个变量把团队分为四种类型：建议或参与团队、生产或服务团队、计划或发展团队、行动或磋商团队。Hellriegel 把团队分为机能团队、问题解决团队、交叉技能团队和自我管理团队四类[33]。Robbins 根据团队成员的来源、拥有自主权的大小以及团队存在目的的不同，将团队分为三种类型：问题解决型团队、自我管理型团队、跨功能型团队[28]。Tuckman 将团队发展描述成由五个部分组成的一个过程：形成阶段、撞击阶段、规范化阶段、运行阶段和解散阶段，这些组成部分是团队发展必经的道路。在团队角色方面，Belbin 提出团队应扮演八个重要角色[34]，包括协调者、左右大局者、内线人、监测或评估者、公司工人、团队工人、资源调查者和实施者。Margerison 和 McCann 将八种特殊的角色分成了四大范畴：探索者、建议者、控制者和组织者。对团队组成的研究，主要集中于团队成员组成的同质性或异质性对团队绩效的影响。Harrison、Price 和 Bell 发现，随着团队成员合作时间的积累，团队成员在价值观、动机、目标等深层次特征方面的差异会继续影响团队成员的社会整合[35]。Shaw 和 Power 认为团队的发展会经历不同的阶段，团队成员之间的差异性对团队的影响因不同的团队发展阶段而异[36]。Bowers、Pharmer 和 Salas 的研究发现，在高度不确定的环境中，以及可用于决策的信息来源较少的情况下，较高程度的成员构成多样化会导致较高水平的团队绩效[37]。Webber 和 Donahue 则认为团队成员构成的多样化程度与团队的凝聚力、绩效表现之间不存在相关关系[38]。

2. 网络组织

20 世纪 80 年代以来，网络组织结构及其管理机制逐渐受到学者们的重视，网络组织作为有别于传统组织特征的概念框架被广泛研究。在网络组织研究的文献中，国内外学者对网络组织有各自的定义和诠释。Jones 在对网络治理的社会机制进行研究的文章中，归纳了一些学者的观点，如 Uzzi 提出的企业间网络（Interfirm Networks）、组织网络（Organization Networks），Powell 提出的组织的网络形式（Networks Forms of Organization），Miles 与 Snow 提出的网络组织（Network Organization），Piore 和 Sable 提出的柔性专门化（Flexible Specialization），Eccles 提出的准企业（Quasi-Firms）等。具体有以下几个观点：① 认为网络组织是为适应动态变化环境并更具柔性和灵活性，以完成特定使命的组织；② 认为网络组织是由小型核心组织发动，依靠其他组织完成某种商务活动的组织形式；③ 认为网络组织是一群企业或业务单元按照市场机制，而不是严格的层级控制链形成的合作集合体。Hakansson 和 Snehota 综合诸多相关文献，指出了影响企业网络组织的基本变量和网络的构成关系，提出了网络形成的演进具有路径依赖的特征[39]。Larsson 的组织间关系理论研究，建议用市场、组织间协调和科层的三级制度框架替代传统的市场与科层两级制度框架。罗仲伟从垂直一体化、信用与冲突解决、组织边界、任务基础、控制权威和影响模式、组织中的联系等方面通过对层级组织、网络组织和市场组织的比较来辨析网络组织的特征；而林润辉、李维安认为网络组织是一个超结点组织，但不一定是法人实体，它具有自相似、自组织、自学习等特征[40]。对网络组织的治理机制，相关文献进行了一系列研究。Terje 等人在研究复杂项目中组织间冲突时提出，网络机制是以社会互动为基础，摩擦是合作关系中的一个自然的组成部分。孙国强指出，网络组织的治理机制是保证网络组织有序运行，对合作伙伴的行为起到制约与调节作用的非正式的规范与准则的总和。Jones 从交易环境的相互作用入手，提出了适应、协调、维护交易的社会机制。彭正银在 Jones 提出的社会机制基础上，作了进一步的研究，提出了网络组织治理的互动、整合机制。网络组织既能通过改变内部结构来适应外界环境的不同要求，也能为其内部成员的自我完善提供发展空间与支持条件。

3. 学习型组织

20 世纪 80 年代以来，随着信息革命和知识经济时代进程的加快，学术界和企业界都将关注的焦点转向组织如何适应新的知识经济环境，在这样的背景下，"学习型组织"这一概念也越来越受到人们的重视。Senge 认为学习型组织是一群能不断增强自身创造力的人组成的集合或团队[41]。Dodgson 将学习型组织定义为有目的地建立一定的结构和战略以便增强和最大化组织学习的组织[42]。Hesselbein 与 Garvin 认为学习型组织是精熟于创造、获取和转移知识，同时也要善于修正自身的行为，以适应新的知识和见解的组织。组织学家 Robbins 概括出了学习型组织的五个特征；Watkins 等人提出了学习型组织设计的六个准则；我国学者周德孚等人提出了学习型组织的八大特征；钱平凡博士则认为学习型组织是一种以"地方为主"的扁平式结构。从不同理论学派的观点出发，可以得到不同的学习型组织模型。目前比较成熟的有四种模型：Senge 的五项修炼模型、Woolner 的五阶段模型、Redding 的第四种模型、Garvin 的 3M 模型等。针对学习型组织实践中所遇到的挑战，Senge 于 1999 年在《变革之舞》一书中分析了创建学习型组织过程中所遇到的十大挑战，并提出了相应的解决办法。在创建有效学习型组织方面，Wheelwright 和 Clark 突出强调，要在组织的运营系统中发起变革，以此创建学习型组织。Edmondson 和 Moingeon 认为创建学习型组织的一个重要因素是推动人们对自己的思维过程进行反思并不断完善这一思维过程。Garvin 的观点是：创建学习型组织是一个长期的工程，而不是某项可以在短时间内独立完成的任务。Garratt 则从反面论述了如何创建一个有效的学习型组织。总之，学习型组织被认为是未来成功企业的模式，甚至有人认为学习型组织是管理的终结，是管理的最高境界——无为而治的境界。

4. 联盟组织与虚拟组织

国内外学者关于联盟组织的管理问题的研究主要分为联盟机理研究的文献和如何保证联盟有效运行的文献两大类。有关虚拟企业、联盟、动态联盟和战略联盟的研究文献共同表述了联盟组织自身的优势。Ahern 指出联盟的结构特点决定了其自身所拥有的优点。联盟利用了交易费用和资源联合的优点，适合于联盟成员赢得高增长率和减少不确定性[43]。Garette 和 Dussauge 认为联盟可以使企业进入新的市场，通过联盟成员之间的竞争互补，联盟能够提供机会以便学习到可以使企业增值的技巧[44]。Zentes 认为在 Internet 时代到来之际，联盟可以保护中小企业在竞争中的地位和利益，合作是其竞争的必须战略。Mody 指出，联盟是柔性组织，使得企业可以补充自身的实力，用来发展在技术、组织或者市场上的新战略。Ring 认为在联盟的建立中需要注意三个关键的因素，即任务、团队和时间，在联盟形成阶段需要注意正式和非正式组织的过程和变化动态[45]。李全龙、叶丹、战德臣等对动态联盟的组建过程进行了定性分析，提出了以流程为基础的动态联盟的组建及组建过程中的九个关键因素，并详细论述了动态联盟模型——VEM 的工作流视图的结构与组成，详细介绍了该方法的结构、组成及描述形式等内容。徐晓飞等人认为基本组织单元(BOU)、动态联盟项目组(VG)、多功能项目组(Team)与动态联盟组织机构(AVE)形成了组织视图的构成要素与动态联盟的组织框架结构。在虚拟组织方面，David 和 Malone 认为虚拟组织是一些独立的厂商、顾客甚至同行，通过 IT 联成的临时网络组织；Byrne 认为虚拟组织是企业伙伴间的联盟关系；Appelgate 等则认为虚拟组织保留了协调、控制及资源管理的活动，而将大部分生产活动外包，认为虚拟组织将外包模式发挥到了极致；Daft 认为虚拟组织是网络组织的扩展[27]。有关联盟的构建与运作效果的分析，国内外的许多文献进行了研究，归结起来，主要表现在以下几个方面：联盟的组建理论基础包括交易费用理论、契约理论、资源理论、基于环境、基于目标、基于关系等。影响联盟运作效果的因素主要有信任、权威、技术、财务状况等。

现代组织理论除了上述几种，还有如生态组织[46]、三叶草组织（Shamrock Organization）、基于团队的组织（Team-based Organization）、适应性组织（Adaptive Organization）、快速循环组织（Fast-cycle Organization）、水平性或基于过程的组织（Horizontal or Process-based Organization）、光速企业（Company at Light Speed）等理论[13]。随着制造组织环境的变化，IT、AMT 等的发展，以及社会因素的变革，组织创新呈现出日新月异的局面，现代组织理论的研究亦融合管理学、经济学等多学科的最新成果，成为范围广泛的、前沿性的领域。本书的主要目的是面向 AMM，研究基于最优单元的一体化网络组织模式及其相关组织技术。

1.3.2　组织因素在 AMM 中的作用

组织理论与技术的研究起源于古典时期 Fayol 的组织管理理论，由于组织在人类活动中所扮演的作用越来越重要，其研究发展很快，但其发展速度远落后于科学技术的发展速度，其主要的制约因素则是组织内部的不断增大的复杂性及其环境的动态性。科学技术的迅猛发展、组织规模的扩大、专业化的深化、知识的增长与人类成员多样性的增加使得组织的复杂性不断增大，几乎已是一种规律。

人们对组织因素的重视始于 20 世纪 50～60 年代。联合国在关于 20 世纪 50 年代西欧经济增长的决定因素的报告中，首次分析了技术、组织、人因三种资源对企业经营的关键作用。人们普遍认为，柔性制造（FM）技术之所以未达到人们所期望的效果，是因为组织与人的因素的制约[47]。灵捷制造（AM）更是将技术、组织、人因三种资源视为其实现的基石。而事实上，技术、组织和人因也是制约 AMM 的三种不可缺少的决定因素。国外许多实践经验表明，CIMS 项目的失败，往往是只单纯考虑技术因素而忽视其他重要因素而引起的，没有真正认识到 CIMS 是一个集社会、经济、技术为一体的综合性系统。从社会技术系统的观点看，任何制造系统都有两个尺度，即技术系统和伴随技术系统的社会系统，如果孤立地试图使其中一个系统最优化，则可能使组织的总效能降低[48]。

先进制造模式（AMM）是创造价值的一类制造系统、管理战略与组织方式。组织因素在 AMM 中的作用包括以下几点：

（1）组织是 AMM 的主要构成因素之一。AMM 的先进性在于它能更好地适应市场环境的变化而取代传统的制造模式。AMM 以采用先进制造技术为前提，但技术的选择必须建立在与企业战略相适应的基础之上，必须以相应的组织结构作为保障[49]。

（2）组织影响 AMM 的其他因素。在理论上，战略决定结构、技术决定结构，但组织结构对战略与技术具有巨大的反作用，特别是在战略的实施与技术的运用中，组织结构发挥着决定性的影响[27, 50]。就技术而言，很多文献已经论证了组织结构的转变对于实施 AMT 的重要性。Boer 等人认为，AMT 最大的好处来源于 AMT 所要求的新型组织，而不是技术本身。他们指出企业没有从 AMT 中获利的原因在于三个方面：实施后存在技术问题；实施过程中市场变化；有效运作时的组织准备不当[51]。Voss 也认为大多数 AMT 失败的原因是组织问题[52]。与技术创新相伴随的组织创新在开发 AMT 时扮演着关键角色。众多的研究表明：缺少合适的组织基础结构是新的制造技术不能有效实施的最大障碍[49]。Nemetz 和 Fry 也指出 AMT 实施的主要障碍就是现存机械的组织结构[47]。Womack 认为持续地依赖多面手工人和合作设计使得日本制造业采用复杂性小、便宜的制造技术。许多学者反对技术在先、组织在后，而应该是集成的、并行的。因此，组织技术决定了 AMM 的实施效果。

（3）组织决定 AMM 中各因素的协同方式。AMM 的关键是制造战略、制造技术与制造组织的协同[25]。事实上，制造系统除了环境、战略、技术因素外，还包括人因与社会因素等多种复杂因素。只有组织系统才能将这些因素整合为一个协调的整体。在此意义上，可以说组织比技术因素更能体现 AMM 的特点。

组织技术的发展推动了 AMM 的创新，近年来制造系统模式的一系列新发展是与技术推动下的组织发展密切相关的。现代制造系统所应具备的特性，如集成化、全球化、网络化、柔性化等主要是通过组织的创新来获得的。组织技术和组织变革是提高企业的市场应变能力和竞争能力（TQCSE）的关键因素。因此，对于 AMM 而言，组织因素与技术是同等重要的。Kast 曾论述道[26]："我们对现代科学技术的巨大成就无不大为惊奇，但是仔细想来，我们会认识到，获得这些成就的主要因素却是我们为达到各种目的而发展各种社会组织的能力。这些组织及其管理的发展才真正是我们的巨大成就之一。"

但由于人因、组织与管理比技术问题具有更大的复杂性与多变性，组织技术的发展远落后于工程技术，因此组织技术是 AMM 的关键技术，也是 AMM 应用的紧迫课题。若这方面无重要突破，势必会严重制约 AMM 研究与应用的发展。

1.3.3　制造组织的研究模式与关键组织技术

1. 组织系统的三维度研究模式

作为制造系统的分系统之一，组织是指结构性和整体性的人群活动，即处于相互依存中人们的共同工作或协作[26]。下面从三个维度来定义组织，如图 1-4 所示。

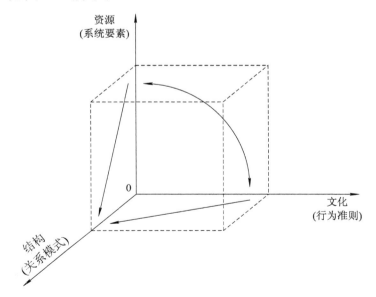

图 1-4　组织的三维度研究模式

（1）资源（系统要素）。组织是面向特定目标的资源结合体。资源是组织系统的构成要素，包括物质、人力、技术、知识、信息等有形或无形资源。其中技术、知识、人力资源是现代制造组织的核心资源。

（2）结构（关系模式）。组织是在特定关系模式中一起工作的人群。它包括任务的专业化、权力的等级化，以及由此形成的与技术密切相关的职权模式、沟通渠道和工作流程等。组织结构的本质是组织成员的角色、权威、交往联系。

（3）文化（行为准则）。组织是共同理念的化身，它建立在一套价值观和信念的基础上，决定了人的行为规范。组织是处于社会关系中的人群，包括人的行为与动机、群体动力与影响网络等。其主要问题可归结为价值、行为、群体动力[53]。

上述三个维度是相互交织在一起的，并与过程（作业、支援与管理过程）分系统及环境之间存在着相互影响。如结构及其动态性受技术的决定性影响，并受组织文化的影响；组织文化不仅受内部的技术、任务和结构的影响，而且受外部环境因素的影响，它与社会环境之间存在着广泛的相互影响。

关于组织的研究，包括组织理论与组织技术两方面。组织理论（Organizationology）是一门快速发展的综合性应用科学。组织技术来自组织理论，从组织的管理实践意义上说，它更有应用价值。下面列出了组织理论与技术研究的基本课题[26]，并将其概括为资源、结构、文化三类。显然，许多问题在各学科之间是相互交叉的。

（1）资源：资源选择与评价，资源创新与开发，资源管理与效率，资源与结构、文化的相互影响。该领域中技术创新、知识管理、IT 的影响与人本理念等是当前关注的焦点问题。

（2）结构：组织的结构形式、活动的差异化与一体化，活动范围及组织的界面、结构与技术的影响关系，地位与作用系统、权利、职权和影响、战略、程序、信息、控制与决策系统，组织的稳定与变革，组织的经济学等。

（3）文化：目标与价值观，组织文化的影响与塑造，组织发展，组织伦理，组织政治，群体动力与社会网络，成员的动机、行为，激励与成员满意等。

2. AMM 中的关键组织技术研究

由于组织的普遍性，有关的理论和科学研究也都有极其广泛的基础。其研究涉及人类学、心理学、社会学、经济学、政治学、历史学、哲学和数学等多种学科[26]。AMM 中的组织技术研究应在考虑组织系统与技术系统、过程系统及环境相互作用的基础上，综合运用社会技术系统（STS）、组织科学、行为科学、管理理论等多学科的最新成果及实践经验，进行跨学科的系统研究。AMM 与制造组织创新的发展提出了一系列关键性组织技术的研究课题，包括[54]：

- 单元、团队与组织系统的建模技术；
- 资源、结构、过程的协调优化技术；
- 单元、团队与新型组织结构的设计技术；
- 组织系统构建与一体化集成的新技术[55]；
- 结构的持续变革与快速重构技术；
- 单元、团队与组织系统的发展技术，组织社会化与多元文化的融合技术[56]；
- 结构、过程、绩效的综合评价技术；
- 未来组织（如学习型组织、生态化组织等）的结构技术；
- 面向 AMM 与 AMT 的组织技术；
- 组织分析与设计的社会技术系统与生命周期技术等。

由于组织及其环境高度的复杂性和多样性，其研究必须采用系统的方法，特别是社会技术系统（STS）的方法，该方法主要研究制造系统中技术与社会心理的组织方面的相互关系。技术的要求限制了组织的类型，但组织有自身的社会和心理特点，这些特点是不受技术要求支配的。同时社会技术系统必须满足经济方面的尺度，所有这些尺度是相互依赖的，但同时又各自具有独立的价值[57]。其次，要运用描述性与规范性研究相结合的方法，防止在研究中一味追求效仿自然科学的方法，而使用过度简化模型的倾向。应承认组织科学的不精确性和或然性，没有任何一种最好的方法，应致力于在"普遍原则"与"视情况而定"之间的具有实用价值的折中性技术的研究。此外，还应注意多学科的研究，避免单纯强调技术或单纯强调组织与管理，以及将二者割裂开来进行研究的倾向。

1.4　本书的结构框架与研究方法

1.4.1　本书的研究背景与意义

1. 研究背景与问题的提出

随着知识经济的崛起、IT 革命的深入与全球化趋势的发展，制造业所面临的市场、技术及社会经济环境正经历着一场深刻的变化。

市场环境与竞争格局发生了质的变化，如：顾客的需求日益多样化、个性化，传统的大规模市场不复存在，建立在大规模市场基础之上的以大批量生产为主要特征的传统制造模式遇到了前所未有的挑战；市场变化的速度越来越快，市场机遇转瞬即逝，不可预测性增加，企业识别市场机遇的困难加大；市场发育越来越成熟，顾客的力量日益强大，他们成为市场真正的主导；市场竞争的性质发生改变，全球化格局下的超竞争、基于时间的竞争、基于双赢理念的合作竞争等成为竞争的主要形态；市场制度与组织制度出现融合的趋势，动态联盟、战略联盟的运用越来越普遍。市场环境的变化是推动制造模式创新与 AMM 出现的根本原因。

技术创新的速度加快，各种 AMT 包括设计、制造的主体技术群和支撑技术群与基础结构技术大量涌现[118]，形成了推动制造模式创新的主导力量。同时，技术创新推动了制度创新、组织创新与管理创新，返回来又进一步推动了技术创新的加速。今天，技术的发展已达到这样的高度：只要有市场需求，就会有全新的技术使之实现。IT 的发展及运用对制造业带来了革命性的影响，IT 不仅推动了制造技术的创新与升级，使制造过程走向了自动化、智能化与柔性化，而且成为了 AMT 的重要组成部分；同时，IT 还通过对制造系统中人因、组织、管理以及环境的影响，导致其中社会系统性质的变化[27, 71-74]；Internet 的兴起大大加速了全球一体化进程。因此，IT 是推动制造模式创新的关键因素和 AMM 建立的重要基础。

　　社会经济环境发生了巨大的变化。知识经济的出现，改变了工业经济的资源依赖模式，知识资源逐步替代物质资源成为创造价值和建立竞争优势的基础资源，作为知识学习、创造和运用的基本主体，人的因素的重要性更加凸现出来；IT 的影响已深入到社会肌体的各个角落，信息化与信息社会已使人类社会的面貌，以及人的工作与生活方式发生了质的改变；全球一体化所带来的多元文化的差异、碰撞与融合，不仅改变着各种传统文化，而且已成为全球一体化格局下企业经营成败的重要因素；人与技术的关系及稀缺性质正在发生着改变，人性化技术的发展，使得技术适应人，而不是人被迫适应技术正在成为可能；人、资源、环境的和谐及可持续发展受到重视。随着绿色制造思想的发展，必然提出绿色制造系统、绿色制造组织的要求，制造的自然生态观亦必然进一步向组织生态观延伸[7]。这些变化必然会对 AMM 的选择与制造组织系统的设计产生重大的影响。

　　进入 21 世纪，美国率先实施了新的制造业战略，以保持本国的制造业竞争优势。在全球经济一体化的背景下，全球范围内新一轮产业结构的调整与全球超竞争格局的形成，给各国制造业的发展带来了新的机遇与挑战。企业不仅要面对全球一体化的激烈竞争，而且必须实现全球范围内制造资源的有效集成，才有可能建立自己的竞争优势。为此，必须实施 AMM，包括制定新的制造战略、采用新的制造技术与建立新的制造组织。

　　全球范围内的新一轮产业结构调整，对我国制造业的发展提供了难得的发展机遇，我国正在逐步成为世界制造业的基地。另一方面，我国相对落后的制造业及其组织管理所造成的低效率与国际竞争乏力，使得我国面临着制造业产业升级的巨大压力，为此，我国政府提出了以信息化带动工业化，走新型工业化道路的跨越式发展战略。该战略的实施，必须引入 AMM，采用 AMT，必须着力发展先进生产要素。制度高于技术是世界各国发展的共同经验，实施 AMM 与 AMT、发展先进生产要素,必须推进制度的创新与组织管理的创新。同时,为维护我国的经济独立,国家实施自主创新战略。推进自主创新同样必须以制度的创新与组织管理的创新为基本前提。

综上所述,在市场、技术、社会经济环境变化与全球一体化趋势的推动下,制造业正在经历着一场革命,一场以实施 AMT 和经营方式彻底变革(如 BPR)为主要内容的 AMM 的革命,涉及制造理念、制造战略、制造技术、制造组织与管理各个领域的全面变革。传统制造模式赖以建立的基础将不复存在,传统制造模式终将被新的制造模式——AMM 所取代,但 AMM 的最终确立,还有待于大量的研究与实践工作。

制造模式的本质是制造战略、制造技术与制造组织的协同方式。在 AMM 的诸要素中,组织因素扮演着比其他因素更为重要的作用[49-52]。从历史的观点看,正是因为人类具有发展复杂组织系统的能力,才取得了今天的技术与经济成就。从具体的制造系统看,技术选择确定之后,系统的效果就取决于更具能动性的组织因素。组织不仅是 AMM 的主要构成因素,而且组织对 AMM 的其他因素发挥着重要的能动性影响,特别是组织决定着 AMM 中各因素的协同方式。因此,组织因素决定着 AMM 本质[25]。这也就是近年来 AMM 创新主要致力于组织系统创新的原因。

目前,大部分 AMM 尚未投入实际应用,也因此限制了 AMT 效益的发挥,关键的制约因素是组织创新的滞后。与之相应的是目前 AMM 的研究中有关组织结构问题的研究较少[25, 47]。组织理论与技术所研究的组织和环境系统的高度复杂性与多样性,使得组织技术研究的发展相对缓慢[61],组织模式的创新也相对滞后。近年来学者们提出了基于单元的组织设计思想[1, 61],但对于组织单元的概念、设计方法,以及单元如何集成为组织系统至今仍没有满意的结果;网络组织的概念已为人们所熟悉,但其联系渠道激增所带来的网络瘫痪难题至今仍制约着网络组织的设计与实践。

从发展趋势看,关于 AMM 虽然众说纷纭,但其基本理念已得到了广泛的认同:在性能上,AMM 追求精益、灵捷、柔性及其协同;在结构上,AMM 呈现单元化、集成化、网络化、虚拟化与生态化的趋势。这一趋势向制造组织的研究提出了全新的课题,要求人们运用新的观点重新认识制造组织的本质，采用更科学的组织系统研究方法，发展面向AMM 的、不同于传统 U 型与 M 型的新型组织模式。这正是 AMM 及其组织技术研究的紧迫课题。

2. 课题设计与意义

本书研究领域的选择，主要是面向 AMM 的组织系统技术，即面向AMM 的结构演化趋势，重点研究其制造组织系统设计、评价与再设计（变革）的理论及方法。

本书的研究目标是探索一种新的、面向 AMM 的制造组织结构形态与设计模式，即基于 OOU 的一体化网络组织集成设计模式，通过研究发展相应的理论与方法。本书研究所需解决的关键问题是：理论与研究方法的创新，OOU 的概念、模型与 STS 并行设计方法，基于 OOU 的一体化网络组织的结构特点、分析框架、优化模型、设计原理与理论应用，一体化网络组织系统的综合评价方法，制造组织持续创新（再设计）及其管理的模式。本书研究的技术路径为：采用系统工程的研究范式，从研究目标出发，在理论与方法研究的基础上，重点围绕制造组织系统结构的设计、评价、再设计（变革）的逻辑展开研究。在研究方法上，以 STS技术为基本方法，运用组织经济学、组织管理学及相关技术学科等多学科的理论与方法，并融合 AMM 与组织变革的实践经验，进行跨学科的综合研究。

本书研究的意义在于：

（1）面向 AMM 的组织系统技术研究，为 AMM 的单元化、集成化、网络化等结构特性的实现提供组织结构形式，推动 AMM 研究与实践的发展。

（2）探索一种新的组织模式——基于 OOU 的一体化网络组织结构形态与设计模式，推动组织理论与方法的创新。

（3）为建立一种新的制造企业组织的基础结构（结构、控制系统与组织文化）奠定基础，促进企业的组织发展（OD）与业绩提升。

1.4.2　本书的研究内容与框架

根据本书的研究目标及关键问题，本书的研究内容主要包括以下七个部分。

（1）AMM 与组织系统技术文献研究。通过文献研究，分析 AMM 研究的发展现状，并通过 AMM 的比较与分类研究，进一步探求 AMM 的特点与演化趋势；通过文献研究，分析制造组织与组织系统技术的发展，明确 AMM 的关键组织技术与研究领域。

（2）AMM 的社会技术系统分析方法研究。回顾分析 STS 方法的发展、贡献与局限，综合已有多学科的成果，对 STS 方法进行融合与改进；从 STS 的观点对生命周期理论与方法、组织生态系统理论与方法进行探讨，从而形成本书横向研究、纵向研究与比较研究的方法体系。

（3）制造组织的理论基础分析。从组织经济学、组织管理学及技术系统的视角对制造组织进行深入的理论分析。在此基础上，指出制造组织的本质特征，并建立制造组织的系统模型，为本书的研究奠定组织的概念与理论基础。

（4）最优组织单元（OOU）研究。定义 OOU 的概念并分析其基本特性；建立 OOU 最优化数学模型；研究提出 OOU 设计的原则与 STS 并行设计方法，从而形成基于 OOU 的一体化网络组织集成设计的基础。

（5）基于最优组织单元（OOU）的一体化网络组织集成设计模式。通过分析组织内部动态、永久团队，外部动态、永久团队的行为特点，对基于 OOU 的组织内部、外部网络化集成问题进行研究；对基于 OOU 的内外一体化网络组织集成设计问题进行研究，提出其分析框架、设计原理与结构特点，从而形成一种新的组织设计模式；此外，作为该模式的理论应用，对多生命周期组织的概念与设计原理进行探讨。

（6）一体化网络组织的优化设计与评价模型。针对基于 OOU 的一体化网络组织集成设计中的两个关键问题：OOU 的优化选择与契约的确定，分别建立 OOU 的优化选择与契约确定的量化模型；建立一体化网络组织的综合评价模型。

（7）制造组织系统的持续创新技术。分析、比较彻底变革（BPR）与持续改进（TQM）等两种组织变革经典技术的功能、特点与局限；融合二者的优点，探索组织变革的改进技术：持续创新（CIR）。

具体研究框架见图 1-5。

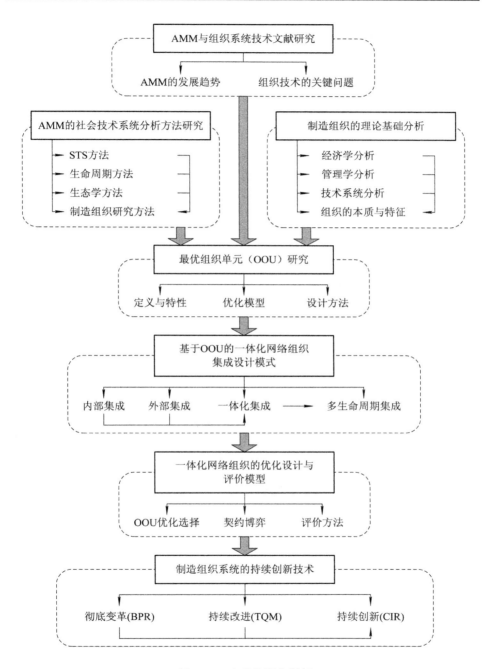

图 1-5 本书的研究框架

1.4.3　本书的研究方法

在研究方法上，本书主要以系统理论与系统工程为基本方法，综合运用多学科的理论与方法进行跨学科的研究。本书采用系统工程的研究范式，在理论与方法研究的基础上，重点围绕 AMM 制造系统中组织系统结构的设计、评价、再设计（变革）的逻辑展开研究。本书所采用的具体研究方法及特点包括以下三个方面。

（1）系统理论与方法为本书研究的主导方法。以社会技术系统（STS）方法为横向研究的基本方法，以生命周期理论与方法（LCA）为纵向研究的基本方法，以生态系统理论与方法为比较研究的基本方法，构成本书研究的主导方法。

（2）多学科的综合研究。除上述主导方法外，本书的研究综合运用了 AMT 与 AMM、IT、制造系统工程（MSE）、数学、复杂适应系统、经济学、管理学等多个领域与学科及其众多分支的理论与方法。

（3）运用定量与定性结合的分析方法。这是由研究对象的复杂性与主导方法的特点所决定的。制造组织系统是典型的复杂性系统，就其研究方法目前的发展水平而言，单纯的定量研究或单纯的定性研究都表现出较大的局限性。

1.4.4　本书研究的主要创新点

本书可能的创新点有以下几个方面：

（1）通过对 AMM 研究的横向梳理，提出了依据其组织结构、技术演化等对其进行分类的方法；通过对制造模式纵向演化及其影响因素的分析，指出了生态化是未来 AMM 演化的一个重要趋势；通过对制造组织研究趋势的分析，明确了面向 AMM 的关键组织技术与研究领域，并提出了制造组织的三维度研究模式。

（2）构建了以 STS 方法（横向研究）、生命周期方法（纵向研究）、组织生态系统方法（比较研究）为主的多学科融合的研究方法体系。系统分析、指出了上述三种方法的优点与局限，提出了一个 STS 方法综合与改进的框架及制造系统价值生命周期的概念，并给了其价值的测度评价方法，还指出了生态理论在制造组织设计中所具有的重要的借鉴价值。

（3）从组织经济学、组织管理学及技术系统的视角对制造组织进行了深入的多学科理论分析，指出了制造组织的本质特征，并建立了一个制造组织的系统模型。本书的研究突破了制造组织的传统概念，并进一步澄清了关于组织与管理关系的模糊概念，为新型制造组织的设计研究提供了概念与理论基础。

（4）提出了基于 OOU 的一体化网络组织集成设计的基本单元——最优组织单元（OOU）的概念，定义并分析了 OOU 的结构与行为特性，建立了 OOU 结构的最优化模型，给出了 OOU 的设计原则与 STS 并行设计方法。

（5）提出了一种新的组织结构及其设计模式——基于 OOU 的一体化网络组织结构及其集成设计模式，给出了其集成设计的原理及一体化集成分析的参考框架，描述了该组织模式的基本特征与优点。

（6）提出了多生命周期组织的概念，给出了组织多生命周期循环的判别准则，解释了组织的生命特征及其代际遗传的机理，给出了多生命周期组织的设计方法。

（7）建立了 OOU 的优化选择模型与团队契约最优设计的博弈分析模型，建立了制造组织结构的综合评价模型，并运用 AHP 与模糊判别法给出了评价实例。

（8）在融合彻底变革（BPR）与持续改进（TQM）两种经典变革模式的基础上，提出了制造组织变革及其管理的一种新模式——持续创新（CIR）模式。

1.5　本 章 小 结

本章主要对先进制造模式及其组织系统技术研究与发展的现状、特点与趋势进行了文献研究，并界定了本书的研究领域与研究方法。

首先，对 AMM 的研究状况进行了横向梳理，在文献研究的基础上，从性能诉求、结构单元与系统集成的视角，对主要的 AMM 进行了分析评述与比较；指出了现代 AMM 的发展，呈现出单元化、集成化、网络化、虚拟化与生态化等结构特点；从历史与分类的视角，对制造模式的演化趋势与规律进行了研究；通过对制造模式纵向演化及其影响因素的分析，指出了在技术的信息化、智能化，市场的人性化、人与自然和谐等趋势的推动下，智能集成与生态制造是未来 AMM 发展的重要趋势；提出了依据组织结构与技术演化对 AMM 进行分类的两种新方法——制造模式的连续谱系分类与生命周期分类方法。

其次，对制造组织与组织系统技术的研究与发展进行了评述分析；强调了组织系统技术在制造模式中的关键作用，指出组织是 AMM 的主要构成因素之一、组织影响 AMM 的其他因素、组织决定 AMM 中各因素的协同方式，因此组织比技术因素更能体现 AMM 的本质属性；提出了一个由资源（系统要素）、结构（关系模式）和文化（行为准则）等要素构成的制造组织的三维度研究模式；梳理提出了面向 AMM 的关键组织技术与研究领域。

最后，阐述了本书的研究背景与意义，界定了本书的研究领域、研究内容与研究方法。

第二章

先进制造模式的社会技术系统分析方法研究

　　本章主要回顾分析 STS 方法的发展、贡献与局限，综合已有多学科的成果，对 STS 方法进行融合与改进；从 STS 的观点对组织生命周期理论与方法、组织生态系统理论与方法进行探讨，从而形成本书横向研究，纵向研究与比较研究的方法体系。

2.1　社会技术系统理论研究的进展及其分析方法的综合与改进

　　社会技术系统(Socio-Technical System，STS)学派的出现，是组织理论与制造组织研究发展史上的重大事件，该学派关于制造系统中技术与组织关系的研究具有重大的理论与实践价值。本节将对 STS 的研究发展进行评述分析，指出其贡献及存在的问题，并运用相关多学科的知识提出和讨论一个 STS 理论与方法融合创新的概念框架。

2.1.1　STS 研究进展的评述及其融合创新的概念框架

1. STS 研究概述

　　STS 的概念是由伦敦 Tavistock 社会研究所的 Trist 等人首先阐明的，是在大量实证研究的基础上提出的一种试图将环境、技术和社会因素统一起来的综合性系统方法，这一概念的核心是人与技术的关系问题[48,57]。

Rice 将 STS 的观点引入制造系统，开辟了一个普遍的研究领域，即研究制造系统中技术和社会心理的组织方面的相互关系。任何制造系统都需要由设备和工艺布置构成的技术系统及完成必要作业的活动组织。技术方面的要求限制了制造组织的类型，但是制造组织有其自身的社会和心理特点，这些特点是不受技术要求支配的。同时，STS 必须满足行业的财政状况，它只是行业的一个组成部分，必须具有经济方面的尺度，所有这些尺度是相互依赖的，但同时各自具有独立的价值[57]。必须承认任何制造系统都有两个尺度——技术系统和伴随技术系统的社会系统，如果孤立地试图使其中一个系统最优化，则可能使组织的总效能降低。

Woodward 曾在 100 家英国公司进行了广泛的研究，发现技术与管理团队的规模、组织的层次与管理幅度、公司业绩等结构变量之间存在直接的关系。这一发现的重要意义在于，它表明对于每一类型的技术来说都有一个最佳的结构[58]。兹沃曼所作的实证研究结果也基本证实了上述发现[59]。阿斯顿大学工业管理研究所进行的一系列研究则发现，技术对结构变量的作用在作业层中更为明显。技术是结构的基本决定因素，技术在作业团队中也很重要。然而，技术对协调层的结构只起有限的作用。在战略层，它的重要性将更少[26]。这些不同的研究表明技术与结构之间的关系是复杂的。

Tavistock 研究所的研究人员通过大量研究发现[57]，如果只是从工程技术方面出发对制造系统进行变革，将会导致制造系统的瘫痪。同时，强调了在给定技术的条件下，制造系统设计的可选择性，指出运用STS 的观点将有助于创造出一个既能使生产率更高又能使组织中成员更为满意的制造系统。

Rice、Chase 等人对人在 STS 中的作用、任务界限的性质、工作团队自治等问题进行了研究，强调制造系统中人及其在生产过程与监督过程中人的作用区别的重要性，指出了描述任务界限的性质对制造系统的成败有重大的作用，分析了工作团队为什么需要自治的客观必要性[60]。

布劳纳在一项研究中发现了社会心理系统在不同的技术条件下的

重要差异，如在装配线上工作的工人的不满意感比在手工和连续过程工业中工人的大。富伦也发现，在装配线上工作的工人的整体感与满意感最低[26]。Hackman 等人在 1976 年建立了一个试图搞清这种关系的工作模型，提出了工作的五个基本特性要素：技能的多样性、工作的完整性、工作的重要性、自主性与反馈性，并运用该模型对不同技术情况下工人的满意问题进行了分析[26]。1980 年 Hackman 等人在《Work Redesign》一书中又提出工作的特性包括自主性、反馈、技巧多样性、任务明确与任务结构等[137]。Davis 提出了类似的工作特性的假设[60,77]。这些研究都表明了技术系统与社会心理系统之间存在着复杂的关系。在不同技术条件下，工人的激励与满意感方面会出现重要的差异，但确定其成因是不容易的。

工作设计是 STS 理论与方法研究、试验与应用的主要领域，其研究可分为理论与应用两个层面。在应用层面，工作设计的研究、试验与应用，包括工作扩大化、工作丰富化、工作轮换、分享工作、灵活工作时间、自治工作团队、工作评价、工作再构造等多种方法[26]，其核心是工作丰富化与工作激励，这些研究关注的重点是工作设计与技术、组织、效率及成员满意度的关系。在理论层面，工作设计的研究主要涉及各种社会技术变量之间的基本关系，以及由此决定的工作的基本特性与工作描述等，如关于工作的理论假设、人在社会技术系统中的作用、任务界限的性质[48]、工作团队的自治程度等，其目的是发展关于工作设计和团队设计的指导原则。当前研究的热点是：本地控制（Local Control）、隐性知识（Tacit Knowledge）、团队工作（Group Work）。提高工作设计、本地控制、隐性知识的学习都可以通过团队工作形式来实现。因此，团队工作的研究涉及各个方面[25]。

STS 运用于 AMM 研究的文献尚不多见。Majchrzak 总结了 154 项关于只注重运用技术来提高制造水平的实证调查，认为先进制造的效益必须依赖于在组织和人支持下的技术变革[63]。这一结论已形成共识，如主张技术、工作组织和人的技巧必须相互适应，并行设计。对于先进制造技术与工作设计的关系，涉及多种复杂的因素。Majchrzak 认为柔性自动化对于操作者工作的影响主要体现在四个方面：协调和合作的需要、需要的信息、人机关系、判断力和责任。Wall 等人认为其中关键在于对时间、方法和范围的控制，监视状态和解决问题的要求，生产责任，社会性交往[64]。

我国学者将 STS 方法引入 CIMS 的研究[61]，指出组织的 STS 方法不仅是设计组织和工作团队的方法，而且是一种与技术本身同等重要的完整的哲学观点。在文献[65]中，杨雪梅等人则将 STS 方法引入组织系统综合创新的研究，指出了技术与社会因素的整合是创新成功的关键。

2. STS 学派的主要贡献与局限

STS 学派是一个传统而又焕发出新的强大生命力的学派，它不仅发展了制造组织设计的原则与方法，同时是一种重要的系统哲学思想。该学派对于管理理论与现代制造模式的研究做出了重要的贡献，有重大的理论与实践价值。

STS 学派的主要贡献如下：

（1）开创了一个新的研究领域。STS 改变了传统上将技术与管理割裂开来研究的局面，致力于制造系统中环境、技术与社会因素的相互作用的综合研究，探讨技术与社会系统最优协同的激励与设计方法，开辟了一个全新的研究领域。美国学者 Koontz 在 1980 年将 STS 学派列为管理学的 11 个学派之一[62]。

（2）形成了一种新的系统哲学[61]。STS 强调技术与社会系统的协同，发挥技术最大效率与实现员工最大满意的双重价值。STS 改变了由人适应技术的观念，形成了技术与人相互适应的思想，强调发挥人的潜能与人的价值等。这已成为现代管理理论与制造模式的重要基石。

（3）推动了社会/行为技术的发展。社会或行为技术是关于如何组织和管理复杂系统的知识，完成复杂任务所必需的技术、人员、信息等资源的整合能力，能更有效地选拔、培训和激励参与者的组织结构、信息系统、完善的计划和控制过程以及战略等都是这种社会技术的组成部分。其中包含了 STS 学派的重要贡献，同时它也是最早意识到该技术与发展中国家的文化价值观念和社会结构存在冲突的学派[26]。

（4）发展了制造组织设计的原则。STS 对人在制造系统中的作用、任务界限的性质等的研究发展了制造组织设计的原则。对工作团队自治的必要性、团队组织运用的条件及对管理的挑战等问题的研究，推动了工作团队在制造组织中的发展和应用[60]。

（5）发展了工作设计的基本方法。有关工作设计的研究是STS学派最具影响的贡献，也是应用最广泛的社会技术。工作设计是组织设计的基础，是为了满足技术、组织、社会以及从事该工作的个人的要求而具体规定工作的内容、方法及工作与工作之间的关系[26]。其目的是提高生产效率及工作者的满意程度。现代工作设计的概念把工作的各个方面看作是变量，也就是生产技术和结构的各种关系可以被修正和重新设计，以适应工人的需要。其研究、试验和实际应用主要集中在工作设计和技术、任务、生产率以及工人满意度之间的关系上，并重视工作过程中的工人参与。

目前，工作设计已有多种不同的方法，并已获得了广泛的应用。但这些社会技术还有很多缺点，其研究与推广的进展都很迟缓。制约其发展的主要因素是制造系统高度的复杂性。事实上，整个STS理论与方法之所以发展缓慢，类似于工作设计，是因为未能成功地认识和处理相关复杂性问题而遇到了困难[26]。

STS理论与方法现在仍处于摇篮时期，我们未能全面了解其复杂的内在关系，它是一种受态度和价值观巨大影响的软社会技术。提高组织成效和雇员满意度的价值，比其他任何东西都更符合于人类的价值取向，是值得我们努力去探索研究的。这也正是管理理论与制造模式研究愈来愈重要的课题。

3. STS 理论与方法融合创新的概念框架

如前所述，STS作为一个重要的学派，对制造组织中技术与人因相互关系的研究及其所提出的工作设计与组织设计的原则和方法具有重要的意义，并在实际应用中取得了令人鼓舞的效果，已被各种试验所证实。但STS理论的发展却是缓慢的，要使其在更复杂多变的环境和更广泛的组织里更具应用价值，必须对其理论进行创新，包括发展更具鉴别力的概念与术语、更具应用价值的系统分析方法与工具等[61]。

本书提出了一个STS理论融合创新的概念框架，见图2-1。其基本思想是以经典STS理论的核心概念与方法为基础，融合现代多学科的研究成果，形成更具应用价值的现代STS理论与方法体系。

该融合创新体系包括STS理论的拓展与方法的扩充两个方面：① 在理论层面上，主要融合复杂适应系统理论、信息技术功能论和社会

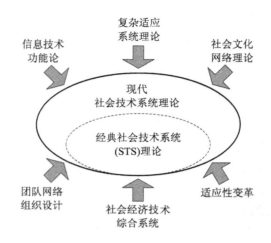

图 2-1　STS 理论的融合创新

文化网络理论，其中前者是 STS 的理论基础，后两者是对 STS 技术系统与社会系统理论的拓展；② 在方法层面上，主要融合社会经济技术综合系统、团队网络组织设计和适应性变革，其中前者是 STS 分析与评价的基本方法，后两者是 STS 两个主要应用领域的实施技术。

2.1.2　复杂适应系统理论

制造系统作为一个 STS，是最典型、最重要的复杂系统。复杂性科学(Complexity Theory)的发展，特别是复杂适应系统理论的提出，为 STS 的研究提供了强有力的理论方法[66]。20 世纪 90 年代以来，复杂性问题的研究受到了广泛的关注，形成了一股复杂性管理的热潮。甚至有学者认为复杂性管理将会成为组织管理学发展的主流。

复杂性科学之所以能引起人们的普遍兴趣，在于它揭示了传统科学未能很好解释的一些社会经济和自然现象的新规律。复杂系统(Complex System)是复杂性研究的主要对象。复杂系统与简单系统的最大区别在于：复杂系统的单元具有智能性，即它们是智能体(Agent)，能够根据自身所处的环境、经历和在系统中的地位与角色，对未来做出预测，最后决定自己的行为；Agent 的特征是随着时间而变化的，能够从经验中学习以适应所处的环境，在演化过程中自然选择淘汰；系统的状态呈现出非线性、动态性、周期性变化，有时甚至是混沌的，很少长期处于平衡状态；Agent 能够根据自己活动的结果来决定未来行为，决定与其他 Agent 以及环境中主体的关系，即具有学习性；为了谋求对自身有益的结果，与其他 Agent 相互结成一定的群体关系，并随时间而发生变化，因而呈现出组织的不同结构和层次性；在系统宏观层面上涌现出与个体和微观层次上所不具有的行为状态。

复杂适应系统(Complex Adaptive System，CAS)是复杂系统的具体实现模式，根据 Holland 等人的研究，其广泛存在于自然界和人类社会中，比如生态系统、制造组织与其他社会组织等。CAS 的主要特征可归结如下[67, 68]：

（1）由许多并行活动的 Agent 构成，不断地与环境交换物质、信息、能量等，开放性和交流性是 CAS 存活的先决条件。

（2）高度分散，系统通过 Agent 相互之间的竞争和合作来产生协同行为。

（3）具有多层次，一个层次的 Agent 是更高层次的 Agent 的组成部分，系统中的 Agent 及其构成的单元根据自身的需要自主地集聚或分裂，从而涌现出较大规模、较为复杂的现象。

（4）通过结果的反馈和经验的积累，不断强化或削弱单元之间的作用关系，调整作用关系的规则。

（5）在基本层次上，所有 Agent 的学习、演化和适应过程是相似的，但是由它们构成的更高层次的单元具有多样性。

（6）每个 Agent 或单元不断地根据自己对事物的认知模型做出预测，这些认知模型随着系统演化而获得经验、提炼和提高。

（7）系统内部具有许多小生境(Niche)，每一小生境可以为一个 Agent 开发并占有，因此系统单元具有追求局部优化倾向。

（8）系统总是处于变化、转换、调整之中，存在维持性平衡，如果与环境进行物质、信息、能量的交换一旦中断或削弱，系统将会崩溃。动态联盟、战略联盟可以看成是具有这一特性的 CAS。这也说明，研究 CAS 具有重要的理论与实践意义。

CAS 的核心是复杂系统的相互作用与适应性问题。Peters 指出[69]：组织的生存与发展不决定于自己制定了什么样的战略，而是决定于其在商业网络中的地位和其他组织采取了什么战略（亦即取决于与其他组织之间的相互作用和相应的适应能力）。STS 所关注的组织中技术与人的相互适应问题，正是 CAS 中复杂系统内部及其与外部环境相互作用与相互适应的一个方面。CAS 观点认为组织复杂性的增加是环境复杂性日益增加及组织与环境相互作用的必然结果。在复杂环境下组织的生存和发展，需要随着环境复杂性的提高建立起比环境更为复杂的组织。这与 STS 的思想是一脉相承的，STS 的经典作者已注意到组织复杂性的重要性，在他们看来人类发展复杂组织的能力体现了人类文明的进程[26]；CAS 将环境的复杂、多变和不确定性看成是既定的条件。复杂性也是制造组织适应日益复杂环境的前提。STS 重视组织的复杂性，而正是组织的复杂性问题构成了 STS 研究的难题；根据 CAS 的观点，发展或创造复杂性的关键是"自治"、"关联"与"变革"，其中核心是变革（或变化），体现为 CAS 具备多方面的特征，包括多样性、自发性、融合性、适应性、超越性和变形性等[68]。STS 所关注的主要问题同样是自治、关联、变革问题，但 CAS 在领域与深度上超越了 STS 的研究；组织的复杂性或适应能力要靠一定结构与机制来保证，所以在应用领域归结为组织设计问题。从 CAS 的观点看，网络组织是最具复杂性的组织形式[68]。STS 的主要贡献亦是在工作设计与组织设计方面。

综上所述，STS 所关注的制造组织是最典型的 CAS。STS 与 CAS 也有深刻的思想渊源，但 CAS 理论更具一般性，在更高的层次上为 STS 提供了理论基础和研究方法，STS 则是 CAS 研究和应用的主要领域。

2.1.3　信息技术功能论

信息技术的发展是技术与组织管理领域的革命，IT 成为制造技术的重要组成部分，并推动了制造技术的创新与升级，使制造过程走向了自动化、柔性化。IT 通过改变人们的沟通联络方式，并通过改变技术与人的关系而对社会因素产生了重大影响。IT 通过对 STS 中制造技术、人、组织、管理以及环境的影响，导致 STS 发生了质的变化，如图 2-2 所示。

IT 是 AMM 建立的基础。IT 发展所引起的制造技术与制造模式的创新主要包括计算机辅助制造（CAD/CAE/CAM/CAPP）、数控加工中心（CNC）、柔性制造（FM）、虚拟制造（VM）、计算机集成制造

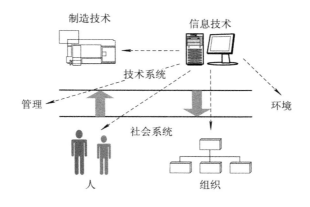

图 2-2 IT 在社会技术系统中的功能

(CIM)等。

IT 的广泛应用给个人带来了深刻的影响[27]，这些影响涉及职业与工作内容、学习与个人发展、个人技能的多样化与工作效率、沟通与人际关系、远程办公与极远程办公、项目化与自由代理人、新工作场所、新社会契约[70]、弹性时间制、电子招聘、信息过载与压力等。

IT 带来了组织的革命性变革，包括组织结构的扁平化、网络化与虚拟化趋势等[71, 72]，学习型组织、跨组织学习与信息共享、无边界组织、柔性结构、知识资源观、信息文化、组织发展与组织变革等。

在管理领域，管理信息系统（包括 MIS、DSS、SIS、CIS、OAS 等）、制造资源计划（ERP）、客户关系管理（CRM）、电子商务（eB/eC）、电子数据交换（EDI）、供应链管理（SCM）、知识管理（KM）、人力资源信息系统（HRIS）等技术方法的广泛引入[73]，导致管理者的功能、管理过程与方法的革命。在宏观环境层次上，以 Internet 主导，使人类社会全面进入信息社会。地球村、全球化[74]、社会网络化、生活方式改变与社会伦理的自由化、电子市场（B2B/B2C/C2C）[71]、战略联盟与动态联盟、竞争、顾客关系的性质与消费者权利的改变等，引起了组织环境的革命性变革。

IT 发展所带来变革的影响是全面的、深刻的革命性变化，这是由信息的功能与特性所决定的。信息作为客观世界普遍联系的表现，是人类活动所依赖的基本资源。IT 发展最直接的影响是，它改变了人类接收、存储和运用信息的能力，从而空前提高了人类的技术与组织能力。IT 的发展推动了一系列 AMM 的建立，改变了技术选择的性质、人的行为方式与组织结构的设计，从而改变了技术与人、组织与环境的相互作用的模式。这不仅提高了制造活动的效率，促进了分权与合作的发展，提高了组织学习、变革与发展的能力[27, 71]，而且使人类选择技术成为可能，改变了人被动适应技术的困境。

总之，IT 的发展是当代 STS 演化的主要动因，是 STS 分析必须考虑的主要因素。同时，IT 为 STS 的工作设计与组织设计提供了重要的技术方法。

2.1.4　社会文化网络理论

社会文化网络理论（Socio-cultural Network Approach，SNA）亦称社会系统分析，它是分析相关社会文化因素，以揭示人因对 STS 功能影响信息的系统分析方法。SNA 分析目前尚缺乏技术系统分析的结构化方法，因此它属于软科学分析的范畴。

SNA 分析的重要性在于社会系统是社会组织适应、变革和新思想产生的源泉，因此，能够提高或降低组织的效率。社会系统包括了与组织中人因相关的各个方面[27]。SNA 能够提供人因对系统影响的多种信息，包括组织结构和工作设计改善的信息，功能测量、奖励系统、培训和信息系统等影响组织功能的有关指标。

社会文化领域最引人瞩目的与 STS 相关的变化是，随着 Internet 等 IT 的广泛应用、全球化及社会自由化趋势的发展，出现了网络文化、新工作场所及多样性趋势的新挑战。

所谓网络文化，是指随着 Internet 等技术的迅猛发展而形成的高技术背景下的新型文化。网络文化以其特有的虚拟性、大众性、自主性和交互性等特点，对现代社会系统产生了难以估量的巨大影响：

（1）网络传播的极速与开放性，加速了信息的流转与共享，促进了知识的创新。

（2）网络以其无中心的平行性、散发性网络构架，实现了不同地位、不同民族和不同文化之间的平等交流，减少了对权威的依赖与盲从，培育了自主和平权的价值观与文化立场。

（3）网络社会发展越来越多地依赖于知识、信息资源的占有和配置，使得劳动主要由体力变为智力，知识与信息成为网络社会经济发展的第一要素。

（4）网络的传播形成了自由而兼容的文化环境，体现出巨大的包容性和宽容性，为人的个性化发展提供了一个广阔的空间，促进了社会伦理的自由化，并成为推进人类自由和民主进程的加速器。

从工业时代到信息时代的转变改变了工作、员工及工作场所本身的性质，Daft 将这一根本性的改变归结为新工作场所的概念，称为技术驱动型的新工作场所理论[27]。新工作场所与传统工作场所具有重大的差异，并成为影响组织与管理的重要直接力量。与传统工作固定的场所、明确的任务、标准化的层级控制程序不同，新工作场所是以比特（bit）而非原子为中心组织起来的，其核心是信息和观念；工作是自由灵活的，甚至是虚拟的，弹性工作时间、家庭办公或远程办公、虚拟团队等成为日益流行的工作方式；员工获得广泛的授权，团队中包括了以项目制开展工作的自由代理人（Free Agent）。新工作场所对组织的影响包括：技术的数字化、市场的全球化、劳动力的多样化，电子商务与跨文化管理的影响日益扩大；环境的动态性增强，而可预见性降低；变革和速度正在取代稳定与效率成为主导的价值观。同时，新工作场所提出了新型管理能力的要求：分散的、乐于授权的领导行为成为新型管理的前提；与顾客和员工保持密切的联系成为新型管理的焦点；管理者必须掌握组建团队的技能，团队协作成为组织成功的关键；设计构建学习型组织成为新型管理的一个重要挑战。

技术驱动的新工作场所与全球化趋势的发展使所有组织都面临着员工多样性（Workforce Diversity）的挑战。所谓员工多样性是指具备不同素质，或属于不同文化群体的员工组成的、具有包容性的劳动力。多样性对社会系统提出了巨大的挑战，特别是文化的多样性[75]。Kast 也曾指出，先进技术与发展中国家的许多文化价值观念和社会结构是相互矛盾的[26]。

如何应对上述种种挑战，学者们已进行了大量的理论与实践探索，并提出了许多有益的理论观点[27,75]，包括跨文化管理与全球学习[27]，组建多元文化团队（Multicultural Team）与员工网络小组（Employee Network Group）、新员工遴选、社会化过程与精神领袖（Cultural Leader），构建学习型组织(Learning Organization)与组织变革[27]、多样性意识培训(Diversity Awareness Training),新社会契约[70]、员工授权和激励性工作设计[71,72],坦诚沟通(Open Communication)、对话(Dialogue)、反馈与学习(Feedback and Learning)等。总之,社会系统设计必须鼓励对最佳性能的追求,提供学习、发展的机会和多样性的工作,在给雇员以尊重的同时,对员工的整体工作进行控制。并通过雇用具有快速学习能力、能够共享知识,对风险、变革和模糊性保持乐观态度的员工[27],以获得社会系统优良的性能。

社会系统分析有许多方法,但因社会系统的复杂性和多变性,没有一种分析方法能够提供对系统的完全理解,或预测其行为。最好的方法是努力理解在社会系统中最重要的相互作用,并在此基础上进行设计。社会系统分析较为有效的方法有两种:角色网络分析和 GAIL 分析。

社会文化角色网络(Socio-cultural Role Network,SRA)分析,简称角色网络分析。社会文化角色网络是社会系统中主要主体之间相互作用的直观表述方法,如图 2-3 所示[27,61]。

图 2-3(a)为社会系统中主要行为主体的角色网络视图;图 2-3(b)则描述了角色网络的两种基本的联络与沟通方式,也是角色网络进一步分析的基本方法。角色网络视图提供了与控制关键变量有关的重要任务之间相互关系的形式化描述方法,从而可为协调社会系统中人们的活动提供依据。

GAIL 分析法分析了社会系统所面临的四个基本问题[61]:系统生存所必须达到的目标(Goal);如何适应外部环境的变化(Adaptation to the External Environment);如何集成成员的活动来完成任务(Integration of Activities within the Group);如何维持系统的长期发展(Long Term Development)。这些问题也反映了 GAIL 分析的根本观点。GAIL 分析采用与成员访谈的方法,对每一问题从下述四个方面进行调查分析:群体成员的相互作用;群体之间的相互作用;群体和领导之间的相互作用;与外部环境的相互作用。由此形成了一种称之为社会系统网格的图形,以 4×4 矩阵形式提供分析信息。GAIL 分析通过对过程的问题结构化,帮助人们进行分析和表述发现,并给出改进设计的建议。

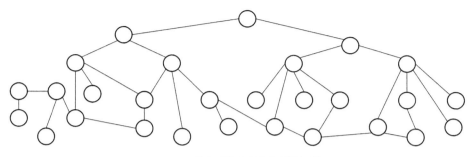

(a) 社会系统中的角色网络视图

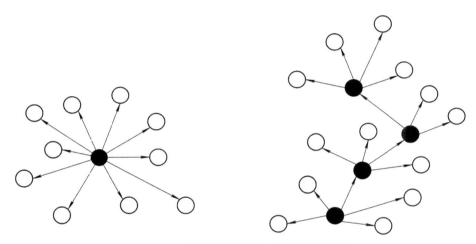

(b) 角色网络的两种典型联络与沟通方式

图 2 - 3　角色网络及其分析

（资料来源：Daft R L，Marcic D. Understanding Management. 4th ed. South-Western，a Division of Thomson Learning，2004）

2.1.5　社会经济技术综合系统、团队网络组织设计与 适应性变革方法

1. 社会经济技术综合系统

STS 学派主要研究制造系统中技术和社会心理的组织方面的相互关系。但经济目标是制造组织的主要目标。正如 Rice 所指出的，STS 必须满足行业的财政状况，它只是行业的一个组成部分。STS 必须具有经

济方面的尺度,所有这些尺度是相互依赖的,但同时各自具有其独立的价值,如果孤立地试图使其中一个系统最优化,则可能使组织的总效能降低[57]。

经济目标是制造组织的主要目标。技术系统、社会系统固然有其独立的价值,但必须满足组织的经济目标。换句话说,经济效果是 STS 优化的目标函数。

技术、经济、社会系统之间是相互依赖的。经济性是制造组织技术选择的主要依据,甚至决定技术创新的方向;经济利益也是人的重要或主要动机,从而对社会系统产生了广泛而深刻的影响。因此,技术的选择、组织的构建及其相互关系必须从经济因素进行分析。

由于经济因素与财务尺度的综合性与普遍性,使其在系统分析与评价方面具有其他社会技术的软分析方法所无法比拟的优势。组织经济学的发展提供了分析技术与人因、组织和环境等关系的重要方法;效果-费用(B-C)分析等经济评价方法提供了 STS 总体评价的基本手段,从而可提高制造组织 STS 分析与评价的科学性。

2. 团队网络组织设计

STS 学派是团队组织研究的先驱,STS 对工作及工作设计的研究是团队组织早期思想的发端,构成了团队组织的重要理论基础,同时也是 STS 学派的最大贡献之一。STS 方法本质上是设计组织和工作团队的方法,STS 对工作的假设以及据此提出的工作设计的社会技术指导原则[77],在实践中取得了令人鼓舞的效果,这已被各种试验所证实。要在更加复杂的环境和更广泛的组织里应用这些观点,还需要融合现代组织设计的某些基本概念和方法,特别是需要适应当代环境复杂变化的特点,采用团队网络组织的设计模式。

当代团队网络组织设计,是以团队作为构建组织的基本单元,进行网络化整合的组织设计方法,是组织设计研究的前沿。团队网络组织设计融合了组织设计研究的最新成果,是当代复杂环境中最具适应性,也是最佳的组织结构形式。CAS 从最一般性的研究表明了团队网络结构是最具复杂性与适应能力的组织结构;学习型组织是建立在团队网络结构基础之上的;团队网络组织设计也是适应 IT 主导的技术变革、制造模式创新与全球化发展趋势,支持包括网络文化的兴起、新工作场所的出现，以及员工多样性问题等社会系统变革的最佳结构形式[27]。

本书后续章节将对这一问题进行深入的分析，并提出一种基于最优组织单元(OOU)的团队网络结构设计方法。

3. 适应性变革方法

STS 关注组织中技术系统与人因的相互适应，因此，可以说 STS 学派也是适应性变革思想的最早倡导者。Chase 和 Aquilano 是较早运用 STS 理论研究适应性变革的学者，他们指出适应性变革的基本思想是，当采用一项改革方案或设计制造系统时，应把技术、作业和控制系统以及社会系统三个因素都看成是变量，不要把其中一个看的比其他两个更重要。但他们所提出的适应性变革模式及其指导原则[48]，是先考虑所选定的技术，然后尽可能地照顾其他系统，这种方法的优点是简单，即先照顾了一个系统(技术)，使它达到最优，但可能使整个系统达不到最优。今天，以 IT 为主导的技术发展与变革，已改变了技术的稀缺性质与人被动适应技术的局限，技术的人性化选择及其与人的相互适应成为可能。

事实上，现代制造组织的适应性是一个多层次的概念：① 制造团队内部其他变量适应某一关键变量，如人因、作业与控制系统适应技术这一关键变量；② 制造团队内部关键变量，如 STS 强调的技术与人的相互适应；③ 团队内部多种变量之间的相互适应；④ 团队网络组织中，制造团队之间的相互适应；⑤ 整体组织系统与外部环境的相互适应，这是组织生存发展的关键。

适应性的层次不同，相应变革所涉及的范围及所采用的方法也就不同[78]。本书第七章将提出一种基于更大范围适应概念的新型适应性变革方法。

2.2　制造系统的生命周期分析方法

2.2.1　生命周期理论的概念体系

生命周期(Life Cycle，LC)的概念源自自然生态系统，人们将其引用于社会经济系统的研究领域，用以描述社会经济现象的某些类似于自然生态系统的生命曲线特征。但必须指出的是,社会经济系统的生命周期与自然生态系统的生命周期有着根本性的区别。自然生态系统生命周期的规律性很强,可在统计意义上进行定量分析;社会经济系统是人造的有人系统,包含人的价值系统及设计因素,其复杂性大大超越了自然生态系统。社会经济系统演化进程中的衰退并不一定必然地走向死亡,它可以通过变革获得新生并向更高级的阶段进化。用自然生态中的生命循环过程及其不同阶段所呈现的特质来模拟社会经济系统的演化存在许多局限,社会经济系统的生命周期不可能是一个精确的概念,因此,生命周期理论受到了一些学者的批评[79]。尽管如此,在分析诸如组织、产品、市场、技术、产业等社会经济系统的演化过程时,生命周期理论仍然因其具有较强的解释能力而被广泛采用。

生命周期是一个强调过程的概念,其本质是一种动态考察事物演化过程的系统方法。研究生命周期理论的意义在于:① LC 树立了一种重要的哲学理念,即任何技术、产品、系统最终都要退出市场,持续生存的基础在于不断创新;② LC 揭示了事物演化过程所具有的某些类似生命曲线的规律;③ LC 提供了一种纵向的对事物分析、设计与评价的模式。

对于生命周期理论已有很多研究,相关理论概念多达数十种[27, 79, 159-162]。除了需求、技术、竞争与产品等经典概念外,学者们将生命周期的概念引入到产业、企业、管理、领导、变革等广泛的领域。值得一提的是,Adizes 最早提出了企业生命周期理论[80],Chase 和 Aquilano 最早从技术系统的角度研究了制造系统的生命周期问题[48]。特别是近几年出现的各种生命周期评价方法、生命周期工程(LCE)[25]、连续采办与全生命周期支援(CALS)、生命周期设计(Life Cycle Design, LCD)[81]、虚拟企业组建、过程重组生命周期(Process Reengineering Life Cycle)体系框架[82],进一步拓展了生命周期理论应用的新领域。

总之,生命周期理论有着极广泛的应用领域。本书主要研究制造系统的相关问题,故以下的讨论集中于如图 2-4 所示的概念框架,并重点讨论系统生命周期与价值生命周期。价值生命周期取决于产品生命周期与系统生命周期,而产品生命周期和系统生命周期又取决于需求生命周期、技术生命周期与竞争生命周期。

图 2-4 生命周期理论的体系

（1）需求生命周期：人类的某种欲望与需要持续的时间，一般可分为出现期、加速成长期、缓慢成长期、成熟期和衰退期等阶段。需求包括基本需求、形式需求与产品需求等。人类的某些基本需求的周期是无限长的。

（2）技术生命周期：某种新技术能够最好地满足某些需求的持续时间，即商业运用的持续时间，一般亦分为出现期、加速成长期、缓慢成长期、成熟期和衰退期等阶段。技术可分为稳定技术、活跃技术和动荡技术等。稳定技术的周期很长，而动荡技术的周期较短。

（3）竞争生命周期：行业演变及其持续时间。新技术或新需求的出现导致一个新行业的出现，而需求的转移或技术的创新将导致原有行业的衰退和消失。需求与技术影响竞争，而竞争状况对需求、技术生命周期具有决定性的作用。Kotler 将竞争生命周期分为唯一供应者、竞争渗透、份额稳定、商品竞争与退出五个阶段[79]。

（4）产品生命周期：新产品从投入市场到被市场淘汰所持续的时间，一般可分为引入期、成长期、成熟期和衰退期四个阶段。产品生命周期可按产品种类、产品形式、产品品目等来描述。产品种类的生命周期较长，产品形式次之，产品品目的周期较短。

（5）系统生命周期：制造系统的生命周期是一个尚待深入研究的问题。Chase 和 Aquilano 从技术系统的角度描述了制造系统的生命周期，将其划分为设计、试运转、稳定状态和终止四个阶段[48]。对组织系统的生命周期已有较多的研究[27]，但从社会技术系统的观点进行综合研究的尚不多见。

（6）价值生命周期（Value Life Cycle，VLC）：产品所体现的使用价值从设计、制造、使用至报废的全过程。制造系统是创造价值的基础，而产品是价值的载体，需求的实质是对产品所体现的价值的需求。它是现代制造模式与制造系统中一个非常重要的概念，提高全生命周期价值是现代制造系统的基本目标。

综上所述，需求、技术、竞争生命周期是决定产品、系统生命周期的主要因素，产品是价值的体现，系统是创造价值的基础。此外，从更一般的意义上讲，产品、技术、系统均是产品，其生命周期具有相同的经济含义。

2.2.2 制造系统的生命周期模型

下面从社会技术系统的观点来分析制造系统的生命周期。就制造系统中的技术系统而言，Chase 和 Aquilano 将制造系统的生命周期过程划分为设计、试运转、稳定状态和终止四个阶段[48]。假设系统只生产一种产品，并以系统的产能为标准可描绘出制造系统的生命周期曲线，见图2-5。

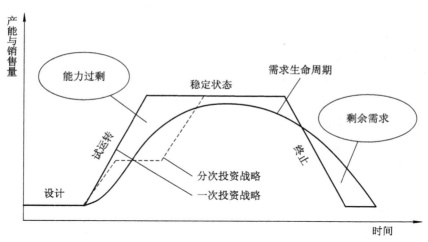

图2-5 制造系统生命周期模型

（资料来源：Chase R B, Aquilano N J. Production and Operations Management. Richard D. Irwin，1977）

在产品需求生命周期的成长期，企业一般采取高成长战略，导致投资与产能的相对过剩；在衰退期，企业往往采取转移投资与缩减战略，致使市场上出现未被满足的剩余需求。在理论上或理想状态下，成熟期即系统的稳定状态产能应等于市场需求量；成长期系统的过剩产能所积累的库存量应等于衰退期市场的剩余需求量。但在实际中这是很难实现的，例如在成熟期也往往有过剩产能，这也是维护市场机制所需要的。

　　制造技术的重大创新（如实现系统的自动化、柔性化等）、市场需求的重要变化（包括品种与产量的变化）、企业重组（包括垂直、水平整合与战略性委外）等都会导致技术系统的重新设计与变革，并引发社会系统的变革。这些变化与公司的战略密切相关，如公司采取分期投资战略，则会在成长期对系统进行重新设计（如图 2-5 中虚线所示）。此外，环境、战略、社会系统的重大变革都会引起技术系统的变革。系统的局部或全部终止也是制造系统的重大变革[48]。

　　制造系统中的社会系统，以及技术系统和其他因素变革引发的社会系统变革是更为复杂的系统过程。下面依据 Daft 关于组织系统演变的初创、集体主义、正规化和变革四阶段论模式[27]，对制造系统中社会因素的生命周期特征（如表 2-1 所示）分析如下。

表 2-1　制造系统生命周期各阶段的特征

各阶段 特征	形成期： 初创	成长期： 集体主义	成熟期： 正规化	衰退期： 变革
行业变化	领先者开拓市场，竞争不激烈	竞争加剧，行业规则逐步形成	非价格竞争，行业结构稳定	需求下降，竞争不一定缓和
企业规模	创业、数量扩张	数量扩张、地区扩张	垂直一体化、多样化发展	多样化、集团化
组织结构	简单结构	职能结构	事业部结构	集团结构、矩阵结构
控制系统	人际关系控制	程序化控制	政策，分散化控制	再控制或变革
核心能力	未形成	初步形成	强化	整合、重组
组织文化	创业文化	扩张文化	适应文化	变革文化
领导风格	创业者风格	指导式	参与式	授权式
面临危机	领导危机	自主权危机	控制危机	官僚主义危机
组织创新	技术创新	技术创新	组织、技术创新	制度、组织创新
管理重点	创业团队，研发、市场开拓	营销管理，扩大市场份额	综合管理，经营效率	变革管理，适应变化

　　（资料来源：Daft R L, Marcic D. Understanding Management. 4th ed. South-Western, a Division of Thomson Learning，2004）

（1）初创阶段。企业的首要任务是创新产品或提供独特的服务，从而获得生存许可权。核心技术往往是创业成功的关键因素，并要依靠创业团队的密切合作与共同奋斗。技术对社会系统的影响是潜在的。初创期的组织结构是简单的团队形式，正式的控制系统尚未形成，控制主要依赖个人监督与人际沟通。创业者的价值观与风格会对组织文化和核心能力的形成起决定性的作用。创业期易出现领导危机，这是导致创业失败的决定因素之一。

（2）集体主义阶段。该阶段的关键是完善技术、产品与服务，扩大份额，占据市场的有利地位。与此同时，应建立与完善组织结构和控制系统，以适应企业规模迅速扩张的需要。结构的选择要考虑技术系统的特点，通常为职能结构，具有明确的层级和分工。控制更多地依赖正式的政策与程序。领导层有强烈的扩张欲望，扩张战略是普遍的选择；组织文化逐步社会化，组织成员的差异性逐步缩小，并趋于认同与适应。这一时期集中统一的控制，会出现自主权危机，从而推动分权趋势的发展。

（3）正规化阶段。该阶段的关键是综合管理，强化核心能力，保持企业的竞争优势与业绩的稳定增长。由于成熟期组织规模庞大，业务多元化，分权的事业部结构往往成为必然的选择，同时也会因过度分权而带来控制危机，从而可能使控制再度强化。成熟期正规化的层级控制机制已出现官僚化趋势，实施制造系统及其过程的适应性变革成为一项重要的任务，如推行 TQM，使企业的品质、效率与速度获得持续的改进。

（4）变革阶段。该阶段面临市场需求永久下降的威胁，组织与控制机制官僚化，惰性增加，反应迟钝。创新与变革成为这一时期的首要任务。技术创新、市场创新，以开拓新的企业成长空间。组织创新、制度创新，以使体制僵化、行动迟缓的组织获得新的生命，焕发新的活力。该阶段应重组、嫁接或转移核心能力，构建学习型组织，推进文化变革，倡导创新文化，否则会构成创新与变革的巨大阻力。

综上所述，随着组织系统的演变，在其生命周期的不同阶段，企业所面临的行业环境、组织特征与管理重点等各具不同的特点，其演化呈现一定的规律性。因此，应按照生命周期理论的观点，综合分析其技术系统、组织系统及其相互作用的特点，并与制造模式相匹配进行制造系统的并行设计与创新，以增强企业的竞争优势。

2.2.3 价值生命周期及其评价模型

如前所述，VLC 为产品所体现的使用价值从设计、制造、使用至报废的全过程。制造系统是创造价值的基础，而产品是价值的载体，需求的实质是对产品所体现价值的需求。VLC 既不同于产品的市场生命，也不同于其使用生命。使用生命是一个实体产品的使用年限，只是反映产品质量水平的一个技术指标。价值生命周期是一种所谓的全生命周期概念。提高全生命周期价值是现代制造模式与制造系统的基本目标，因此，它构成了 AMM 选择与制造系统分析设计的重要基础[83]。

依据产品所体现的使用价值的形成与实现过程，可将价值生命周期分为设计、制造、交易、使用/维护、放弃/回收五个阶段，其价值变化有如图 2-6 所示的生命曲线特征。

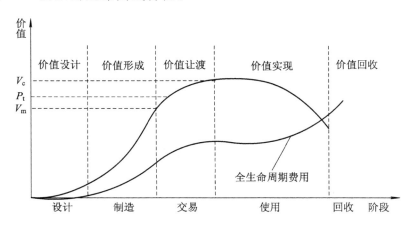

图 2-6 价值生命周期模型

（1）设计阶段：价值生命周期的起点。价值设计所花费的费用在产品全生命周期费用中所占的比例可能并不高，但对产品价值却起着决定性的作用。价值设计决定了产品能否很好地适应使用者的需求，同时又对制造成本、使用与维护成本的大小产生关键的影响。

（2）制造阶段：价值形成的主要阶段。制造过程的质量、效率与速度是价值实现的关键因素。该阶段所发生的费用在产品全生命周期中占有很大的比例，它与前期的设计费用之和构成了产品的制造成本。

（3）交易阶段：通过厂商营销与顾客购买的博弈过程实现价值让渡。价值让渡过程同时也是价值的创造过程。在图2-6中，V_c为顾客总价值，V_m为厂商的制造价值，P_t为交易价格，交易过程所创造的总价值为$V_c - V_m$。$V_c - V_m$由厂商的经济利润（$P_t - V_m$）与顾客剩余（$V_c - P_t$）两部分组成。该阶段所产生的费用包括由厂商支付的营销/服务费用和由顾客承担的寻找/购买费用两部分。

（4）使用/维护阶段：价值实现的阶段。使用者通过使用产品获得满意从而实现产品的价值。产品在使用过程中因逐渐老化、磨损而降低其价值。为保证产品正常的使用功能，对产品进行维护、修复而花费的费用构成产品的使用/维护费用，该费用在全生命周期费用中往往占有较大的比例。

（5）放弃/回收阶段：由于老化程度的加剧，使用/维护费用大幅度提高，或者市场上出现了更好、更能满足使用者需求的产品时，便会放弃原产品的使用。该阶段可能会回收部分残余价值，也可能要承担其处理费用。

总之，价值是通过制造系统的运作，即通过设计、制造、销售而创造，并以特定的产品为载体提供给顾客，最终通过顾客的使用得以实现。因为产品价值的大小是由顾客评价的，因此称之为顾客总价值（CTV）。在理论上，若以顾客具有完全信息（包括市场信息、技术信息）为前提，则CTV等于顾客愿意为产品支付的最高价格，亦即经济学中的需求价格P_d。P_d难以直接测定，通常采用效用评估的方法来确定[84]。假设CTV可由质量（Q）、成本（C）、服务（S）、时间（T）和环境（E）等因素来评估，则一般有

$$CTV = CTV(Q, C, S, T, E) = P_d \qquad (2-1)$$

若设产品的设计/制造成本为C_m，销售/服务费用为C_s，顾客交易费用为C_t，使用/维护费用为C_u，放弃/回收费用为C_r，则产品的生命周期总费用（LTC）可表示为

$$LTC = C_m + C_s + C_t + C_u + C_r \qquad (2-2)$$

式（2-2）中，设计/制造成本C_m与销售/服务费用C_s构成了厂商的总成本C_f，亦即

$$C_f = C_m + C_s \qquad (2-3)$$

因此，式(2-2)可改写为

$$\text{LTC} = C_f + C_t + C_u + C_r \tag{2-4}$$

作动态计算，即考虑货币的时间成本，设产品的使用生命为 n，贴现率为 i。为简化起见，假设产品的使用/维护费用以年金形式发生，放弃/回收费用为一次性费用，则

$$C_u = A(P/A,\ i,\ n) = A\left[\frac{(1+i)^n - 1}{(1+i)^n \cdot i}\right] \tag{2-5}$$

其中：A 为每年等额的使用/维护费用；$(P/A,\ i,\ n) = [\cdot]$ 为贴现计算的年金现值因子。

放弃/回收费用为

$$C_r = F(P/F,\ i,\ n) = F\left[\frac{1}{(1+i)^n}\right] \tag{2-6}$$

其中：F 为期末的一次性放弃/回收费用；$(P/F,\ i,\ n) = [\cdot]$ 为贴现计算的复利现值因子。

由此，式(2-4)可写为

$$\text{LTC} = C_f + C_t + A(P/A,\ i,\ n) + F(P/F,\ i,\ n) \tag{2-7}$$

如评价绝对价值，则由式(2-1)和式(2-7)可得产品的生命周期价值(LCV)：

$$\begin{aligned}
\text{LCV} = \text{CTV}(Q,\ C,\ S,\ T,\ E) - [C_f + C_t + A(P/A,\ i,\ n) \\
+ F(P/F,\ i,\ n)]
\end{aligned} \tag{2-8}$$

如评价相对价值，则由式(2-1)和式(2-7)可得

$$\text{LCV} = \frac{\text{CTV}(Q,\ C,\ S,\ T,\ E)}{C_f + C_t + A(P/A,\ i,\ n) + F(P/F,\ i,\ n)} \tag{2-9}$$

若制造系统的生命周期为 T，其中第 t 年的预测产出量为 N_t，并假设产品的生命周期价值(LCV)不变，则由式(2-8)可给出制造系统的生命周期净价值(STV)模型：

$$\begin{aligned}
\text{STV} &= \text{LCV}\left[\frac{N_1}{1+i_1} + \frac{N_2}{(1+i_2)^2} + \cdots + \frac{N_T}{(1+i_T)^T}\right] \\
&= \text{LCV}\sum_{t=1}^{T} \frac{N_t}{(1+i_t)^t}
\end{aligned} \tag{2-10}$$

其中：i_t 为第 t 年的风险调整贴现率(因为未来产出的不确定性所带来的风险可由 i_t 反映)。此外，还可以进一步计算 STV 的期望值。

该评价模型有如下特点：

（1）考虑了产品的全生命周期费用。

（2）产品价值由顾客支付意愿（而非市场价格）确定。

（3）同时避免了由于供求关系变化造成价格波动所带来的影响。

因此，它与现有经济评价中通常采用的由制造系统的财务净现值来衡量系统的生命周期价值的方法相比[84]，更具科学合理性。

以上给出了产品全生命周期价值及系统生命周期价值的评估模型。实际评价时可采用以下三类常用的评价方法[85]：

（1）专家评估法，主要有评分法、优序法等。

（2）经济分析法，常用费用效果分析法。

（3）运筹学及系统工程方法，主要有多目标决策法、数据包络分析法（DEA）、层次分析法（AHP）、模糊综合评判法、多元统计分析法等。

2.3　制造组织生态系统理论与方法

信息时代与知识经济的快速发展，向所有企业与社会组织提出了前所未有的严峻挑战。如何灵敏应对环境的复杂变化？如何成功地驾驭管理变革和创新？如何保持组织持续发展的生命力？组织作为人类经济、社会活动的基础，以及变革与创新的载体，在应对这些挑战中发挥着关键的作用。传统组织理论在当代环境复杂变化中也面临着巨大的挑战。组织生态理论的发展对于分析制造系统及其组织的变革与演化开拓了新的思路，提供了一种新的方法。

2.3.1　组织生态理论研究发展的评述

近代生态学的奠基人奥德姆认为生态学起源于生物学，但已超越了生物学的范围，更多的是一种认识论和方法论，是自然科学通向社会科学的桥梁。组织生态理论的研究是以达尔文的自然选择观为基础，将生态学的理论移植到对组织的分析之中，借鉴和运用生物学观点与方法研究组织及组织群体的特性与发展。作为组织系统理论研究的一个新兴领域，组织生态学已取得了一定的进展，并引起了人们的广泛重视[86]。

1. 组织生态学与组织演化理论

组织生态学是由 Hannan 和 Freeman 等人提出的。他们通过对组织行为的假设，进而以组织的开办率、死亡率、合并率等变化解释了组织群落的群体密度。他们的理论观点得到了后续实证研究的支持。应该指出的是，Hannan 和 Freeman 在其方法中引入了竞争等经济学概念，并使用了一些经济学的分析方法。

在组织生态学的研究中逐渐派生出了组织演化理论，较早提出的关于组织个体演化的生态学理论主要有：Hannan 和 Freeman 的组织生态学在解释组织群落的群体密度的研究中，从假定组织具有惯性出发，以可复制性、可靠性与责任、惯性等概念，并以竞争和法规两种力量的作用，解释了组织的生存与发展；Nelson 和 Winter 在其著作《经济变革的进化理论》中提出的企业行为模型，则强调"惯例"（组织基因）这一基本概念，从惯例的功能、形成、变化（变异），以及组织搜索和环境选择的交互作用，给出了组织演化的行为基础。应该指出的是，Winter 研究的出发点是探讨作为传统经济理论的替代的微观经济基础。

关于组织演进的其他研究主要有：Carroll（1988）研究了"组织的生态模型"（Ecological Models of Organizations），提出了存活率的概念，认为在组织中的许多选择过程其实是采用社会的、文化的、制度的标准；Singh（1990）将组织演化的推动力定义为组织形式的出生率、死亡率及改变率，强调适应与选择间的关联和结合，以及从生态观到演化观的转变；Baum 及 Singh（1994）在"组织的演化动态"中则着眼于组织演化的层级性。

2. 企业演化理论和企业周期理论

近年来，涉及组织生态演进的理论研究主要关注企业演化理论和企业周期理论。现代演进理论强调经济变迁的动态过程，关注技术变化和创新过程。现代系统科学的协同演化观点被引用于进化概念的解释[87]：认为进化是由非组织到组织、由简单组织到复杂组织的演化过程，即结构、制度与功能不断创新的系统进程。

关于演化的动力机制，除环境"选择压力"外，Drucker 等人[46]引入了"企业生命"、"竞争个性（Competitive Persona）"或"创新个性"、成长动机、价值链的动态演进中的"共生演进"与协同进化及其所产生的抗熵机制、使命及功能在更高层次的定位等理论概念，从内部、外部机制两方面做了更进一步的分析。特别是"创新个性"被认为是企业不断衍化成长的核心动力机制。此外，随着对生物基因研究的不断深化，还有人提出公司 DNA 和有机公司的概念，也有人将企业比作人类的大脑，开展了企业记忆和企业智力的研究[88]。

企业生命周期理论最早是由麦迪思提出的[80]，他认为企业的成长和老化同生物体一样，是一个从生到死、由盛到衰的生命历程。麦迪思还用灵活性与可控性两大因素之间的关系来解释企业成长的内部动力学机制。组织与自然生态系统一样，其演化并不是必然地导致进化，根据分叉理论，在演化的过程中存在进化和衰败两个方向，不同的是组织的死亡并不具有必然性。人类在发展的同时也在破坏着人类赖以生存的生态系统。人类要在目前的制度结构中创造一种更高层次的组织协同，从而实现自然和社会生态系统的健康可持续发展。Ranoort 提出并研究了生态系统健康的概念与定量的问题。Beasley 和 Vilcox 认为一个健康的生态系统必须在面对现有与未来压力时维持系统结构和功能。

3. 群体生态学与商业生态系统理论

群体生态学认为组织与环境是合作关系。其最著名的观点就是"进化是相互适应者生存，而不是最适者生存"[46]。群体生态学强调的是合作，即一个相互联系的群体之间通过相互适应实现整个群体生存。而在最适者生存的进化论中，竞争被视为组织活动的基本形式，强调个体组织的生存。在现实中，合作与竞争是同时存在的。

商业生态系统理论同样以组织群体为研究对象，观点也与群体生态学的相近，所不同的是它更强调系统观念的运用。Geoffrey 认为生物生态系统(Biological Ecosystem)为人类提供了独特且强有力的视角[89]。美国著名管理大师 Drucker 说：企业之间的生存和发展如同自然界中各种生物物种之间的生存和发展，它们均是一种生态关系。Moore 于 1993年首次提出了商业生态系统(Business Ecosystem)的概念[90]，用它"来替代那些由相互支持的结构组成的扩大了的体系"。以企业生态位理论、协同进化理论和自组织理论等为基础，认为企业应当与生物有机体参与生物生态系统一样，把自己看成是商业生态系统有机体的一部分[91]；同时，商业生态系统是一个复杂巨系统，它要求企业应当把自己看成是一个更广泛的经济生态系统(Economic Ecosystem)和不断进化的环境中的一部分。范高德教授提出了高技能生态系统(High-skill Ecosystem)，其关注点是在不同经济条件下导致成簇的企业生存或灭亡的因素和知识创造与扩散的过程[92]。1996 年，Moore 又出版了《The Death of Competition》一书[91]，详细阐述了他的商业生态系统理论[90]。Moore 用商业生态系统来描述组织所处的环境，认为任何一个企业都应与其所处的环境共同进化(Co-evolution)，而不只是竞争或合作、或单个企业的进化。显然，该理论的共同进化思想超越了企业之间只是合作竞争关系的认识，在理论上更进一步。

目前国内有关组织生态理论的研究尚处于发展初期。韩福荣在1992 年研究了合资企业的稳定性和生命周期，提出了共生理论，强调共生关系是导致企业成长的原因之一。王立志以仿生的视角，从企业个体演化的路径、群体的协同进化、企业的生命周期等方面对企业的生态化机理与表型作了较系统的研究；朱亚辉等人则运用仿生学理论分别对企业竞争策略、竞争优势进行了研究[88]。

2.3.2　组织生态理论研究的局限与发展趋势分析

1. 组织生态理论研究的局限

综上所述，组织生态理论的研究为组织理论的创新开辟了一条新的、独特的途径，并已取得了一定的进展。但其研究与发展还存在一些局限和问题。本书认为这与现实组织的复杂性有关，社会组织与自然生态系统存在很大的差异，使得用纯生态学的研究结论来解释高度复杂的组织现象时必然存在局限性。

(1) 社会组织与自然生态系统存在根本性的差异，组织是人的集合，并且是人为设计的，包含心理与价值等复杂因素，同时，组织环境的概念远比生物的自然环境广泛、复杂，使得纯生态学的研究必然存在局限性。

(2) 正是由于组织的复杂性及其与自然生态的差异，很难准确地说在组织演化中什么被"选择"或"复制"给下一代，这里有管理者设计选择的空间。这说明人们对组织生态演进的知识还很有限。

（3）以达尔文的自然选择观为基础的组织生态学注重的是环境的选择过程而不是适应过程，忽略了组织的能动作用，而现代组织理论更注重组织对环境及其变化的适应性，因此，适应与选择仍然是今后研究的重要课题。

（4）组织生态学强调资源的稀缺性，而忽视了资源可以丰富化与自我更新。在当代知识经济的背景下，知识资源甚至可以共享，因而，合作与竞争是可以并存的。

（5）组织生态学假定组织具有很大惯性、稳定的环境与单一的发展方向，优于多变的环境和多个发展方向，因此在解释处于剧烈动荡环境中的组织与多元化组织时有局限性。

2. 组织生态系统理论的发展趋势分析

要克服纯生态学研究的局限性，使组织生态理论成为更有价值的方法，必须在生态观念和现有理论的基础上，吸收多学科的相关知识及组织变革的实践经验，进行融合创新，发展现代组织生态系统理论及方法[93]。

作为组织生态理论的新趋势，在其研究中已逐步融合了不确定性理论、企业能力理论、资源基础理论、资源依赖理论、新机构论、代理人理论及创业研究等组织管理与组织经济学的观点。此外，本书认为还必须融合吸收现代组织管理领域中的知识管理、变革管理、核心能力、组织文化、组织策略等多学科的最新成果。现代组织理论包括的这些众多分支[46,94]，从多维视角形成了对组织及其行为的全面图像。组织生态系统理论与方法的创新必须以此为基础。

本书认为组织生态系统理论与方法的创新，除现代组织管理与组织经济理论外，还应当建立在学习型组织理论、自组织理论、信息技术论及其方法融合的基础之上。

学习型组织的出现是组织理论与实践领域的重大创新[41]，它融合了现代组织生态系统理论与实践的最新成果，反映了知识经济时代组织变革的主要方向。学习型组织是所有组织形态中最具生态特性的组织。生态型组织是学习型组织的进一步发展，或者说是其高级形态。学习型组织是生态型组织的重要基础，这也是组织生态系统理论与方法创新的出发点。

Prigogine I 的自组织理论是一种重要的系统方法论。推进组织的生态化关键是要创造条件，在组织内部形成和保持自组织，并与环境协同演化。只要组织内部存在自组织，就能实现其更快速地学习、适应、进化和变异等过程。因此，组织生态系统理论与方法的创新应以组织生态理论与自组织理论互为补充。

信息技术的发展是现代组织变革的主要推动力，信息技术对组织管理的影响已有较系统的研究[94]。功能强大的信息系统是生态型组织的基础结构与"中枢神经"。信息技术由团队知识、技能和信息共享与整合，它是推进组织生态化进程的技术支撑。

近些年来人们对生态制造模式与学习型组织、组织的柔性化、价值链、网络化的探索实践，对长寿企业奥秘的探索，对组织文化与价值、合作竞争策略的研究实践等，表明企业组织已出现明显的生态化端倪，同时，这些探索也积累了较丰富的组织生态化的实践经验，这些经验为组织生态系统理论的研究提供了较为充分的实证基础。

在应用层面上，人们已将组织生态理论引用于经济、产业、组织、制造等机理、演化与变革等领域的研究，今后的趋势是进一步开拓应用的领域与层次，不只是停留在简单的类比与借鉴上，而是要发展更具应用价值的系统方法。

上述分析可总结为如图 2-7 所示的框架。

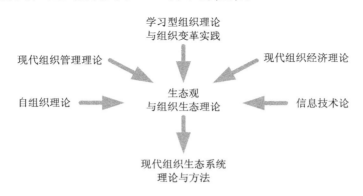

图 2-7　现代组织生态系统理论与方法的融合创新

2.3.3　生态理论在制造模式及组织设计中的应用探讨

1. 生态制造模式

如前所述,生物制造(BM)是模拟生物运行机制的 AMM[7],是生态制造模式的典型体现。它采用基于单元和团队的系统设计思想,其设计对象模元(细胞)是自主、合作和智能的制造单元。BM 就是依靠模元的结构来实现整体与部分的关联、自决策、集成和自主单元间的协调的。

在运行上,BM 通过共享的环境和基因来促使各个整体和局部在功能目标上的一致性;系统同时支持自上而下的任务分配和自下而上的决策,从而实现纵向协调;在横向协调上,BM 是通过细胞之间共享的环境和协调者(酶)来进行的;在个体自身计划和协调上,BM 通过实体具有的扩展的交流和合作功能,表现出更加动态和并行计划的趋势。BM 中的细胞可以针对环境中其他细胞的输入和输出连续地做出反应。

BM 使制造系统具有类似生物的自组织性、自适应性、分布化控制、自相似结构与控制等特点,从而,可使组织结构、制造模式、制造技术和信息技术实现有机集成。

与 BM 模式相类似的还有分形制造(FM)[6]、全息制造(HM)[8]、智能制造(IM)[9]等制造模式。这些制造模式虽然有各自的出发点,在概念与技术上也有差异,但其建立的目的是相似的,都是为了在动荡的市场环境中提高制造系统的柔性;在基础理论方面,都强调基因算法、进化算法、强化学习和神经网络等;实现途径也很相似,都强调支持系统的分散性和自主性;都采用基于单元和团队的系统设计思想,设计对象都是自主、合作和智能的制造实体;都是通过建立分散化、自主的、相互合作的系统结构来实现的[7];在组织形式上都体现了生态观点的运用,实质都是制造系统全部过程的生态集成系统[25]。同时,这些制造模式在新型制造模式中都处于前沿的研究领域,这也在一定程度上反映出制造模式的生态化趋势。

2. 组织生态理论与生态型组织设计原理

组织生态理论为人们研究组织的演变与结构设计提供了独特且强有力的视角,形成了一种新的组织设计理念。Hannan、Nelson 等人关于组织演化的经典解释、现代企业演化理论的进化观点，以及企业演化动力机制研究中提出的企业生命、竞争个性或创新个性等新概念[46,88]，为人类从一个全新的视角审视自己所构建的组织及其演化的机制提供了可能，其发展必将为新的组织形态的出现及其设计提供新的理论基础与方法。Drucker 关于企业之间的生存发展的观点，以及 Moore 的商业生态系统理论[91]，亦为人们研究动态联盟、战略联盟，及企业外部的一体化网络设计提供了一个新的、强有力的理论基础与方法。

　　下面根据组织生态理论的启示，探讨一种新的组织形态：生态型组织的设计原理。生态型组织（Ecological Organization）可以理解为具有自然生态系统机能的组织，其运作如同一个有机生命体。它具有快速自主学习的能力和某种程度的智慧，能通过自组织发展不同的生存能力、技巧和策略，具备对复杂环境变化的灵敏响应能力，并且实现与环境的协同进化或变异（蜕变），从而保持其持续生存发展的生命力。理想的生态型组织（组织的极终形态）是具有像自然界中的最高智慧生物——人的能力与行为特征[95]。

　　由已有的各种生态制造模式与学习型组织的研究可知，生态型组织在结构上应当是一种基于单元和团队的网络结构，在理论上，该结构具有类似生物的自组织性、自适应性、分布化控制、自相似结构与控制等特点。设计的基础是自主、合作和智能的单元或团队（制造实体）。通过设计单元、团队及整合机制形成分散化、自主的、相互合作的系统结构[7]。

　　设计中要解决的关键问题是，如何使单元具有自治权，并形成整个组织系统的自组织机制。自治权的核心是自主的决策权，因此，通常将具有决策权的自治单元称之为决策单元（Decision Making Unit，DMU）。从原理上讲，如果赋予每个单元自治权，则必然具有其自身独立的利益，它会根据自身的利益，并有权决定其活动所需要的投入和产出是从企业内部或外部市场"购买"和"销售"。另一方面，由于劳动的不可分割性和交易的成本性，使得所有单元有必要保持在一个企业组织内，从而构成相互联系和作用的网络结构。

　　自主性源于组织体制的分权，而自治的动力源于与决策权相关的独立利益；分散性是自主性的必然结果，决策权的分散意味着控制权的分散；自组织的前提是自主的独立利益单元，机制是将市场机制引入组织内部，称之为内部市场，即设计的整合机制是市场化契约。这样单元或团队之间的联系、合作与重构即可自主地完成。此时，企业管理部门的功能类似于市场体系中的政府机构。与外部市场所不同的是，内部单元的决策与行动所受到的限制大于独立的外部市场主体，内部市场是一种强限制市场。除此之外，内部市场与外部市场并无本质的区别。自适应是自组织的前提与必然结果，作为自治的内部市场主体，必然会建立起单元的自适应能力。

学习型组织是形成生态型组织的基础。从学习型组织到具有一定的生态系统机能，进而到生态型组织的极终形态是一个漫长的演进过程。该过程我们称之为组织的生态化。因此，组织生态化同时是一个组织发展（OD）与变革的过程，涉及技术、社会与文化等因素，不是一个单纯的设计问题。组织生态化演进的逻辑是：通过组织学习，形成知识的运用与创造机制，进而通过自组织发展组织进化的核心能力与基础结构，使组织具有生物有机体的生命特征，如对复杂环境的机敏反应能力等。在该演化过程中，发育良好的商业生态环境、恰当的组织设计及信息系统的运用起着重要的促进与保障作用。

生态化是组织适应当代环境复杂变化的需要，反映组织发展与变革未来趋势的新的组织形态。因此，生态化不仅对组织理论的发展与创新具有重要价值，而且为解释各类商业与社会组织成功的奥秘以及理解制造系统的创新提供了一种新的方法，对组织适应日益复杂和快速变化的环境具有重要的实用价值。

2.4　本章小结

本章主要对本书研究所应用的 STS 理论与方法、组织生命周期理论与方法、组织生态系统理论与方法进行了研究与改进。

首先，回顾分析 STS 理论与方法的发展、贡献与局限；综合已有多学科的成果，提出了一个 STS 方法融合创新的框架，并在理论层面上引入复杂系统理论、信息技术功能论与社会文化网络理论，在方法层面上引入社会经济技术综合系统、团队网络组织设计与适应性变革方法，对

STS 理论与方法进行了扩充与改进。

　　其次，在对生命周期理论与方法进行梳理的基础上，运用 STS 的观点，对制造系统生命周期各阶段的特点进行了分析；提出了制造系统价值生命周期的概念，构建了价值生命周期模型，并给出了其价值的测度评价方法。

　　第三，对组织生态系统理论与方法的进展进行了分析，指出了其存在的局限，并从多学科融合的视角，对其发展的未来趋势进行了展望；对生态理论与方法在 AMM 及其组织设计中的应用进行了探讨，指出了生态理论在制造组织设计中具有重要的借鉴价值。

　　本章的研究工作奠定了本书横向研究、纵向研究与比较研究的方法体系。

第三章

制造组织的理论基础分析

　　本章主要从组织经济学、组织管理学及技术系统的视角对制造组织进行深入的理论分析；在此基础上，指出制造组织的本质与系统特征，并建立制造组织的系统模型，为本书的研究奠定组织的概念与理论基础。

3.1　制造组织的经济学分析

　　在组织经济学中，组织集成的基础是契约。契约理论的内容主要包括交易费用理论和委托代理理论。前者侧重于研究企业与市场的关系，后者侧重于企业的内部结构与企业中的代理关系。两者的共同点是强调企业的契约性和契约的不完备性[96]。

3.1.1　交易费用理论

　　组织经济学（Organizational Economics）理论包含在新制度经济学中，交易费用的概念是其核心概念。对于交易费用尚没有明确的定义，一般地说，交易费用是个体交换经济资产的所有权和确立排他性权利的费用。Dahlman 提出交易费用与经济理论中其他费用一样是一种机会成本[97]。Matthews 提出交易费用包括事前准备合同和事后监督及强制合同执行的费用，与生产费用不同，它是履行一个合同的费用[98]。

　　交易费用概念的现代应用起源于 Coase 的两篇文章——《企业的性质》和《社会成本问题》。回顾这些经典文献，Coase 认为："在某种情况下交易费用被用来显示，如果不被用于分析之中，企业则毫无意义；而另一方面表明，如果交易费用没有包含在分析之中，对于所考虑的各种问题、法律是没有意义的。"[99] Coase 关心的问题——"在一个有专业分工的交换经济中为什么会出现企业?"的答案是："建立企业之所以有利的最主要的原因是运用价格机制需要费用。"这里，企业是作为一种可以节约"市场成本"的价格机制替代物出现的。其实质是将原来的市场关系内化并制度化于企业，以减少交易费用。至于企业的规模，则取决于企业内部的边际组织费用，如果它与市场的边际交易费用相等，则在这一点上企业再扩大就不如进行市场价交易了。

如果将企业看成是典型的制度之集合，那么从企业的起源和演进中便很自然地可以了解制度本身的起源与发展。交易费用理论也同样得益于 Stigler[100] 和其他一些信息经济学家。交易费用在一定程度上与索取有关交易信息的费用相联系。交易费用被称为"转换费用"，以某种方式来降低不确定性。所以，Stigler 说它是"从无知变为全知的转换费用"。

交易费用对于资源的配置和经济组织形式有着深远的影响。正是在古典经济学的框架中加入了交易费用，使新制度经济学与新古典经济学相区别并改变了研究方向：交易费用使所有权的分配成为首要因素，提出了经济组织的问题，并使政治制度结构成为理解经济增长的关键[101]。

交易费用之所以迟迟未能引入经济理论，其原因在于大部分经典经济理论和模型都假设完全信息，而交易费用则在一定程度上与索取有关信息的费用相联系。但信息费用与交易费用这两个概念却不太容易区分。当信息是有成本的时候，与个体间产权交易有关的各种行为导致了交易费用的产生，这些行为包括[101]：寻找有关价格分布、商品质量和劳动投入的信息，寻找潜在的买者和卖者及有关他们的行为与环境的信息；在价格是内生的时候，为弄清买者和卖者的实际地位而进行的必不可少的谈判；订立合约；监督合约对方，以确定对方是否违约；对方违约之后，强制执行合同和寻求赔偿；保护产权，以防第三者侵权。

研究一切社会的组织形态时，一般遵循如下三个原则[101]：

（1）假设存在一种起作用的规则，低成本组织趋向替代高成本组织。

（2）一旦高成本组织持续存在，而且似乎人们稍加改变即可增加净产出，就应从非常规的地方寻找人们的隐蔽利益。

（3）如果这种隐蔽利益没有找到，就应转向寻找政治约束。

新古典经济学是建立在理性选择基础之上的。理性选择模型强调个体总是在一定的约束条件下追求目标函数的最大化，它将企业简单视为一个追求利润最大化的实体，这一假设只有在市场交易不受限制、完全信息以及完备界定的私人产权这三个条件下才成立。新的制度学派放弃了最优化假设而代之以 Simon 的满意原则或其他一些行为假设。Simon 认为，人的理性是有限的。满意模型描述了这样一个决策过程：人们在感到不太满意的时候才开始搜索，也同时修正他们的目标（西蒙理论的一个结论是特定目标环境下并不能决定一个理性行为者的行为）；还必须知道他的思考过程。Alessi 指出[102]，在新古典框架上加上产权限制和交易费用，可以提供比满意行为取代最大化假设的理论中更丰富和更具实证性的理论。尽管满意模型或许提供了更为现实性的公理结构，但它只能提供较少的和不太清晰的研究结论[101]。

3.1.2 委托代理理论

代理问题（Agent Problem）是交易费用经济学的分支。Jensen 和 Meckling 的论文是讨论代理成本的经典文献[103]。Williamson 强调"把企业组织看成一个科层结构而不单是生产函数。"代理理论通常用来分析科层关系中，当委托人赋予某个代理人一定的权力（比如使用一种资源的权力）时，一种代理关系就建立起来了，这位代理人受契约制约代表着委托人的利益，并相应获取某种形式的报酬。在科层结构中，当权力可沿组织阶梯上下移动时，每一位个体往往既是委托人又是代理人。由于委托人和代理人的效用函数经常不相一致，所以在委托人看来代理人常作出的决策不是最优的，除非委托人能有效地约束代理人。在代理关系中，与委托人相比，代理人会更确切地了解被委托工作的详细信息，并更充分地了解自己的行为状况、能力和偏好。在代理人与委托人之间信息分布不对称，所以只要度量代理人的特点、业绩及完成契约的成本很高，代理人就可能会进行投机活动。投机行为增加委托人的成本，委托人意识到监督代理人和激励能降低代理成本的契约结构都是符合他的利益的，有时可通过设计双方利益相重叠的契约来降低代理成本，比如规定利润分享，或通过会计制度来监督代理人等。契约通常规定了代理人允许做的活动。同样，代理人意识到向委托人交付一定的抵押品来保证克服投机行为也是有利的。用于限制代理人投机行为的投资，其边际收益在达到一定限度之后就开始下降，大多数情况下几乎没有人会为消除一切投机行为而投资。因此，代理人的行为很少被全部度量出来，而且度量行为只出现在度量成本相对低的地方。在均衡契约之中仍可能存在着代理人投机行为，即在委托人利用一切有利机会来限制欺诈之后，仍有投机行为存在。对于委托人，其代理总成本等于限制欺诈的投资加上剩余欺诈行为所引起的成本。在这里，委托人的净收益只考虑代理成本的大小，但假设不存在执行契约的成本[96]。

直接度量代理人有关行为和贡献，以及使用必要代表物（受教育年限、名誉、有说服力的辩辞、推荐信、成功指数等）来显示度量状况，这些做法会出现高成本，而高成本又会引起道德风险和逆向选择（Moral Hazard & Adverse Selection）[96]。

在委托代理关系中，竞争能够减少委托人所面临的代理成本，而提高代理人从事投机行为的成本，现代公司就是典型例证。Means 和 Gardner 在其著作《现代公司和私有财产》中认为股东监视公司经理的成本很高，他们的观点流行了几十年。但最近经济学家强调不同市场中的竞争可以降低现代公司的代理成本，如经理市场的竞争和投资基金市场的竞争等，这些竞争反过来引起股票市场上差的企业的股价下跌。低效益公司的经理还面临被其他企业吞并的威胁和被罢免的可能性[96]。

契约的概念是新制度经济学的核心，契约确定转让的权力以及转让的条件。在新制度经济学中，企业被定义为契约网络或契约联接点。Jensen 和 Meckling 第一次使用此定义。在企业内部，由中心代理人来管理安排各种投入品，取代了连续不断地对产品定价，同时通过市场所进行的各种交换也使用契约。各种产品在市场上被度量和定价。Alchian 和 Demsetz 建立的模型从契约关系角度说明了各种形式的企业组织[104]，他们的一些先驱性的工作是划时代的。

在制造系统中，劳动分工提高了生产效率，但分工契约往往有较高的成本且不能与其他契约安排竞争。设计一种组织结构不仅是为了减少欺诈和投机行为，而且也是为了促进协作，而协作是另一种成本很高的活动。因为协作需要的信息是稀缺的。协作生产要涉及多种不同的契约结构，有些契约与传统意义的企业概念相对应，而有些投入品所有者之间的契约网络却大大区别于常规的企业概念[96]。

新制度经济学主要关注契约安排逻辑的问题。为什么一种契约形式优于另一种形式？该问题的答案依赖于"交易费用"的概念。新制度经济学的中心议题是"契约安排之间的竞争"的概念。契约形式的变化往往是一个长期的过程，尤其是当缺乏实际材料来显示一项安排是否最适合于新的环境时。一旦有了成功的实践，竞争力量就会建立起新的均衡契约。同样，给定人们认识契约安排的知识状态与产权基本结构状态，据此，有理由认为一个社会在技术稳定、价格稳定的情况下，可以找到具体的契约安排形式，该契约安排将使各生产单位的生产成本实现最小化[96]。

3.1.3　产权理论

产权是个人使用资源的权力，产权系统就是"分配权力的方法，该方法涉及如何向特定个体分配从特定物品多种合法用途中进行任意选择的权力"。产权方法的复兴与 Alchian 的文献有关[97]，也与 Coase 关于社会成本的文献有关，另外 Calabresi、Demsetz 等人也作出了重要贡献。菲吕博腾和佩杰威齐在 20 世纪 70 年代早期回顾了新产权分析方法的现状。德阿雷西的一篇优秀文献特别注重了一些实证研究的结果。

产权通常可分为三种类型的权力：① 使用一项资产的权力——使用者权力，即规定了某个人对资产的潜在使用是合法的，包括改变甚至销毁这份资产的权力；② 从资产中获取收入以及与其他人订立契约的权力；③ 永久转让有关资产所有权的权力，即让渡或出卖一种资产。

在新制度经济学中产权的概念范围很广，它比法律意义上的产权概念要宽，另外它也包括各种社会准则。Alchian 就曾这样强调过[105]："任何社会里个人使用资源的权力（产权）被各种成规、社会习惯、排斥力等所规范和支持着，正式的法律条例由国家强制力量来维护。"许多影响着私有财产的约束都与成规、社会排斥力量有关。

制造过程不仅涉及物质性转换，而且也涉及产权的转移。在权力转移中，不管是在企业内部或是在市场上，行为者总是在各种组织制度的约束前提下，来使他们的目标函数最大化[96]。

为什么预期企业组织制造活动的经济结果既取决于企业的内部规则，又依赖于产权的外部结构呢？Jensen 和 Meckling 论证说[106]，生产函数依赖产权结构就像它依赖技术进步那样。他们把企业定义成一组契约网络，这些契约详细说明各个体在生产合作中出现的奖励和代价。现实的一套惩罚和奖励办法影响着理性代理人的行为，从而影响着企业的产出成果[96]。

Jensen 和 Meckling 对新古典经济学中的生产函数作了修改，将企业活动的外部规则及由外部规则界定的可供企业选择的内部规则（组织形式）引进了生产函数[107]。他们试图通过改建生产函数显示：产权结构如何通过企业可用的赛局内部规则的幅度来影响人们的行为和企业的产出，而非通过契约安排的成本。但这种只强调选择可替代的要素的单一思维方法在概念和分析方法上仍然是把企业作为非组织事物看待的。

3.1.4　契约、代理成本与组织结构的选择

在研究企业性质时，较新的制度经济学文献主要强调两个方面：一是企业所涉及的要素投入者之间一系列长期契约的关系；二是企业用要素市场代替了产品市场，在要素市场内价格信号的作用微乎其微，即不是连续地以价格来度量产出，并定价出售产品，而是用组织的科层关系（Hierarchy）代替了市场的交换关系[96]。

Demsetz 将新古典经济学假设的经济体制叫做分散化模型[108]。按照通常对分散化模型的隐含和明显的假定，信息成本为零，私有产权在无交易费用的情况下充分界定和实施，政府站在幕后支撑着市场交换制度。当把交易费用加进分散化模型时，按照 Demsetz 的说法，就形成了自由放任的经济。在市场经济中，企业——资源所有者的联合，其所用的企业结构有多种表现形式。Williamson 列举了以下几种安排形式[107]：协作组织商（Merchant-Coordinator）、联营模式（Federated Mode）、内部契约模式（Inside Contracting Mode）、授权关系（Authority Relation）。后一种类型适用于一般企业，其特征是以科层为联系形式。

契约形式的选择取决于每一种契约安排的相对成本。Coase 在其 1937 年的文献中作出了开创性的贡献,当资源所有者的联合代替了一系列的单一型企业时,一种交易费用就被另一种交易费用所代替;由一项交易代替一系列市场交易时,市场之内的交易费用降低了,但出现形成和维持生产者联合体的交易费用,即代理成本,代理成本包含在销售商品的最终价格里。所谓单一型企业(Unitary Firm),即一个人拥有所有的投入品并负责组织生产,这种企业的内部组织没有契约关系的种种特征。Alchian 和 Demsetz 在他们的早期文献[104]中提出了一些不同于 Coase 的解释,他们着重强调投入品拥有者的优势。团队的共同产出会比单个个人贡献的总和大得多。但问题在于,在团队工作中,个人往往会减少他的努力程度却不会影响他的收益,这是因为不可能轻易度量每一个团队成员的边际生产力。这样就出现了欺骗动机,因为个人不必负担他偷懒的全部后果,偷懒行为的累积最终会导致团队瓦解。为了防止这种"搭便车"行为,联合在一起的成员雇用了一个中心代理人,赋予他雇用、辞退和监视团队成员的权力。但谁来监管监督者呢?解决此问题的办法在于给予监督者索取企业剩余的权力。Alchian 和 Demsetz 的这种早期观点受到了批评。在以后的文献里,Alchian 特别重视了企业专用资产以及长期契约在保护专业性投资等方面的作用问题[96]。

不断地用一种契约形式替换另一种形式,最终达到边际成本等于边际收益。假定企业最初是单一型的,它的扩大必须达到这样一点:在组织内部一笔额外交易的边际收益与其成本,即内部代理成本的增长相等。这个原理可用来解释确定某种产品产出量大小的决策、生产过程的一体化、向新生产线扩张以及多个同类型工厂内部一体化等现象。另外,交易费用同样会影响外部融资的可行性,而这种可行性反过来又限制企业的规模[96]。

在古典企业中,企业家通过获得合资企业中的剩余价值来自我约束。而在联合经营中,组合有效率的团队是一个不断试错的过程,企业家有权调整联合中具体的组成部分。联合的价值依赖于企业家的才能、努力程度和发现有价值商品的运气;联合的价值也依赖于组合一个有效的团队、寻找到适当的契约安排及保证执行契约[96]。

3.2　制造组织的管理学分析

现代组织管理理论包括众多分支，从多维视角形成了对组织及其行为的全面图像。本节拟从价值创造与价值链理论、核心能力理论、经营机遇理论、组织文化理论等方面对制造组织进行分析。

3.2.1　价值创造与价值链理论

价值创造（Value Creation）是一切制造组织的基本使命与目标，也是评价制造组织的基本标准。价值是由价值链（Value Chain）上的价值活动创造的，价值链分析法构成了分析价值创造活动的基本方法。价值创造与价值链理论主要研究价值创造的源泉、价值创造的驱动因素，以及如何有效创造价值等。

公司创造的价值是由顾客评价的，因此常称为顾客价值，反映顾客对产品满意程度的评价，经济学家将其称为顾客的支付意愿或需求价格。若顾客价值为 V，产品价格为 P，产品成本为 C，则 $(V-P)$ 为消费者剩余，$(P-C)$ 为边际利润，两者之和即价值增值 $(V-C)$ 为公司创造价值之衡量。

与价值创造密切相关的概念是竞争优势（Competitive Advantage）与竞争战略（Competitive Strategy）。价值创造的概念是竞争优势的核心[94]，价值创造决定竞争优势。价值之衡量亦即竞争优势之衡量，可简单地认为当企业的利润率（如 ROI）高于产业平均水平时，企业具有竞争优势[55]。竞争战略是取得竞争优势的基本途径。竞争战略是在竞争发生的产业舞台上追求一种理想的竞争地位，亦即针对决定产业竞争的各作用力建立有利的、持久的地位。竞争战略的本质是公司定位，它以对目标顾客有意义的方式把企业与竞争对手区别开来。Porter 认为价值创造或实现竞争优势的两种基本战略是低成本与差异化[94]。Hill 进一步认为实现低成本与差异化的源泉在于优异的品质、效率、创新与顾客回应[55]。有的学者将其归结为三种推动力的结合：更好（通过优异的质量和服务）、更快（能够比竞争对手更快地感知和满足顾客需求的变化）和更紧密（建立更持久的联系）。管理的任务是同步发现价值驱动的主体，并确保在技能、资源和控制上的持续优势，这是相对于竞争者竞争优势的来源。此外，还有学者基于当代竞争环境变化出现的新特点，提出了三种新竞争战略：提供最好的产品、系统锁定（标准制定者）、一揽子解决方案。

价值链分析法是美国哈佛商学院教授 Porter 于 1985 年在其著作《Competitive Advantage》中提出的，它是一种分析竞争优势并寻求方法以创造与维持竞争优势的基本工具。价值链是企业将投入转换为产出，以创造顾客价值的活动链。价值链分析法的基本思想是，企业组织的价值增值过程可分为既相互独立又相互联系的多个价值活动，这些价值活动形成一个独特的价值链。价值链包括了满足特定顾客（内部或外部）的一系列活动，这些活动之间是密切联系的；每项活动都能给企业带来有形或无形的价值；价值链不仅包括企业组织内部各链式活动，而且更重要的是还包括企业组织的外部活动，如与供应商之间、与顾客之间的关系。

Porter 认为将企业作为一个整体来看无法认识竞争优势。竞争优势来源于企业在设计、生产、营销、交货等过程及辅助过程中所进行的许多相互分离的活动。这些活动中的每一种都对企业的相对成本地位有所贡献，并且奠定了差异化的基础。为了判定竞争优势，可以从基本价值链着手分析，个体的价值活动在特定企业中得到确认。每一个基本类型都能分为一些相互分离的活动。据此，Porter 提出了一个完整的价值链模型[55, 94]。

价值链分析的基础是价值，各种价值活动构成价值链。它们是企业制造对买方有价值的产品的基石。价值活动可分为两种：基本活动和支援活动。基本活动（Primary Activities）是涉及产品的研究与发展（R&D）、生产、营销与销售、服务等的各种活动。支援活动（Support Activities）是辅助基本活动并通过提供物料管理、人力资源、企业基础结构，以及各种公司范围的职能以相互支持。当然，价值链除包括价值活动外，还包括利润。

分析价值活动时，首先需区分基本活动与支援活动，并确定活动类型是直接活动、间接活动还是质量保证活动。因为这些活动有着完全不同的功能，对竞争优势的建立起着不同的作用，只有在进行正确的区分后，才能通过进一步的分析确定核心活动和非核心活动。其中，计算成本和价差是价值链分析作为竞争性比较的基础。

应注意的是，企业基础结构(Company Infrastructure)具有与其他支援活动不同的特征，它必须处理全公司所有发生价值创造的活动。基础结构包括组织结构、控制系统及企业文化[55]。

Porter 曾指出价值链在组织结构设计上的作用[94]，一种与价值链一致的组织结构可以增强企业创造和保持竞争优势的能力。价值链提供了一种系统的方法来将企业划分成一些相互分离的活动。它为解决传统组织设计中的"分化"与"整合"无法解决组织单元联系的优化协调问题提供了一种可能的途径。通过价值链与组织结构的内在联系，为确定与竞争优势的各种资源更加一致的单元界限，以及价值链与供应商或销售渠道的联系关联起来提供了协调的适当形式。

随着市场竞争激烈程度的日益加剧，竞争已不仅仅是单个企业之间的竞争，而越来越多地反映在由供应商价值链、制造商价值链、渠道价值链和顾客价值链等构成的价值系统(Value System)的竞争。价值链的概念也由企业内部扩大到企业之间，将供应商和顾客也纳入到价值链中，认为价值链是从供应商的供应商到顾客的顾客的扩展，它完全是由顾客需求拉动的。如何为顾客和企业而不仅仅是为本企业创造价值、实现双赢，成为价值链的研究重点。学者们进一步提出了虚拟价值链(Virtual Value Chain)的概念，用以表示通过和利用信息完成价值增值过程，它以信息的处理为描述对象，在供应链的成员之间进行信息的采集、组织、挑选、合成、分配等活动，其目的是减少交易成本、增加价值。

3.2.2　核心能力理论

在制造组织价值链上的某些特定环节(即战略环节)中存在企业的核心能力或核心竞争力(Core Competence)，亦称特异能力(Distinctive Competence)。这种战略环节既可以是制造环节、营销环节或研发环节，也可以是某些辅助增值环节。保持制造组织的竞争优势，关键是控制组织价值链的这些战略环节。企业核心能力理论是 1990 年由 Prahalad 和 Hamel 提出来的。他们认为核心能力是组织中的积累知识，特别是如何协调不同的技能和有机结合多种技术的知识。具体地说，核心能力是企业在长期经营过程中的知识积累和特殊技能，以及相关的资源组合成的一个综合体系,是企业独具的与他人不同的一种能力。Hill 认为核心能力是一个独特的优势,它能促使企业达到卓越的品质、效率、创新与顾客回应,因此可以创造较高的价值,以获得竞争优势[55]。

组织的核心能力有两个互补型的来源[55]:资源(Resources)和技能或潜能(Capabilities)。资源可分为有形资源(财务、技术设施等)与无形资源(知识、文化、商誉、实务程序与诀窍等)。构成核心能力的资源必须是独特且有价值的。在知识经济时代,知识特别是隐性知识成为了企业核心能力最重要的来源,因此,知识资本已成为企业最重要的资源,它可以为企业带来更高的租金[109]。技能是企业用于协调整合其资源并将资源做有生产力运用的技能。技能是无形的,并且不属于个人,而是潜藏在组织的运作之中(如群体互动、合作及决策制定),亦即技能是企业组织结构、控制系统与组织文化的产物。它是企业组织在较长时间里形成的,是企业组织特殊历史进程中的产物,所以又被认为是管理的遗产。因此,形成核心能力必须具备下面两个要素之一:① 一项独特且有价值的资源和运用该资源所必要的技能;② 独特的技能来管理普通资源[55]。企业核心能力具有四个显著特点,即价值性、异质性、不能模仿性和难代替性[109]。此外,本书认为从组织的生态化趋势看,核心能力体现了组织生命的主要特征,是组织生命继承、复制或遗传的 DNA。

综合上述分析可知,核心能力的概念给出了企业资源与能力一个清晰的结构层次划分。其中较有代表性的划分是 Javidan 提出的企业能力层次模型,如图 3-1 所示。

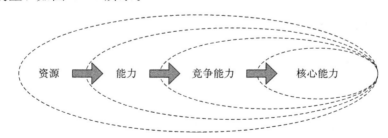

图 3-1 Javidan 的能力层次与核心能力概念

(资料来源:转引自福斯·可奴森. 企业万能:面向企业能力理论. 李东红,译. 大连:东北财经大学出版社,1998)

层次结构的底部是组织的资源。Javidan 把资源看成是能力的基础,所有的组织都有资源，但并不是所有的资源都能被有效利用，仅仅有资源通常不足以形成竞争能力。创造竞争优势需要具备有效利用资源的能力。第三层次是竞争能力，是战略业务单位内部一系列的能力和技能，如战略业务单位开发新产品的能力。最高层次是核心能力。与一般能力不同的是，核心能力跨越了战略业务单位的边界，是各战略业务单位不同能力相互作用的结果，是分布于组织内部的特异能力的集合。

能力层次与核心能力的理念为理解制造组织的本质与组织结构设计提供了重要的思想。在资源学派的观点看来，制造组织的本质是其核心能力或核心能力网络[110]，有的文献提出了基于核心能力的组织结构设计模式[111]。在本书中，亦将核心能力作为研究制造组织设计的基本出发点。

核心能力与组织战略有着密切的联系。核心能力是企业竞争优势的基础，而组织战略的基本目的就是达成竞争优势。实现该目标不但需要战略建立在现有的核心能力基础之上，而且要求战略能够不断强化或发展组织的核心能力。此外，培植和构筑企业的核心能力，要坚持超竞争理念、战略突破理念、差异化理念等战略原则。

核心能力是企业组织的一种独特优势，是企业组织价值创造与竞争优势的源泉。它影响着企业组织的战略选择与未来收益，是企业组织在竞争中获取领先地位的关键性能力。缺少核心能力的组织虽仍可能维持生存，但这样的生存是低级的、没有发展的存续。环境的快速变化及激烈的竞争将使没有核心能力的企业淘汰出局。

3.2.3　经营机遇理论

企业拥有一定的竞争优势后，还应寻求与选择适当的经营机遇，才能成功地实现创造价值，建立竞争优势。

经营机遇（Business Opportunity）即企业在经营过程中利用其资源能力创造顾客价值的机会。Kirzner 在其企业家理论中强调了当市场处于非均衡状态时，就存在利润机遇，企业家应该发现并抓住这个机遇来均衡市场。Harpei 在 1996 年进一步解释说，人们有必要投资于行动来创造更宽松的环境以便于观察企业经营机遇。发现和满足一定的市场机遇是企业全部经营活动的出发点，因此机遇理论构成了经营管理理论赖以建立的基本出发点与立论的基石。经营机遇的研究包括理论与方法两个层次。在理论层面上，经营机遇理论是隐含在经营管理理论体系各分支中的公理性假设，其核心是关于经营机遇的哲理性理念，如机遇源于人类的需求、机遇是无穷的、机遇又是稀缺的、机遇偏爱有准备者等；经营机遇研究的重点在于其方法层面上，如何识别、选择经营机遇，如何更好地满足经营机遇，构成了经营管理理论的焦点[112]。下面对经营机遇理论的要点作一简要的归纳与分析。

（1）经营机遇是企业活动的出发点与归宿。企业组织的基本使命在于满足市场和社会一定产品与服务的需求。人类不断增长与变化的需求创造出无限的市场机遇，任何企业的经营都是从识别、选择经营机遇开始，再通过提供产品与服务创造顾客价值（包含企业的利润）的。

（2）经营机遇观是一种顾客导向或需求导向的观点[79]。经营机遇源于市场需求，经营中的资源整合与组织设计、制造模式与制造技术选择、经营目标确定与经营过程实施等，都必须围绕着满足市场需求而展开。需求导向是企业经营最重要的理念。

（3）经营机遇观同时也是一种竞争导向的观点。由于人类的需求是无止境的，所以经营机遇是无限的。但对于某一特定需求而言，经营机遇又是有限的和稀缺的，这是企业经营竞争的根源。企业的生存不在于它所提供的产品与服务是顾客所需要的，而在于其产品与服务是否能比竞争对手更好地满足顾客的需求，这正是价值创造与竞争优势的本质所在，现代基于速度的竞争理念也正是竞争导向理念的体现。

（4）经营机遇的识别、选择能力是企业的基本能力。经营机遇是企业生存发展的前提。市场机遇是无限的，而企业机遇是有限和稀缺的。只有企业识别到的，且与其能力相适应的市场机遇才是真正的企业机遇。市场机遇，特别是潜在机遇往往是以弱信号出现的，并具有快速变化的特点，因此具有某种程度的不可预测性。有效地识别市场机遇，必须建立完善的信息系统，运用科学的趋势预测技术，并拥有对环境变化高度敏感性的组织文化与基础结构。机遇的选择是企业的重大战略决策，它涉及战略决策者在不确定的环境中辨识机遇、评估能力、确定目标、寻求方案等一系列创造性、探索性的活动，是企业经营能力的综合体现。

（5）经营机遇包括市场机遇及其所派生的内部机遇。企业的全部功能活动都是为了满足特定的市场机遇的，因此，它是建立在由外部机遇所派生的内部机遇基础之上的。据此，学者们提出了内部顾客的概念。随着内部市场化趋势的发展，内部机遇与内部顾客成为日益重要的概念。它为一体化网络组织的设计提供了重要的理论依据。

经营机遇对于制造组织设计的意义同样在于它是组织设计与重构的基础和依据。现代组织的创新与变革，如业务流程重构（BPR）、动态团队、联盟组织等均是强调面向机遇提出的。在本书所研究的基于最优组织单元的一体化网络结构中，组织、团队、单元等均是建立在市场机遇与内部机遇的基础之上的。

3.2.4　组织文化理论

组织文化（Organizational Culture）是组织成员所共有的特定价值观与行为规范的集合，这些价值观与规范控制组织成员与成员之间，及与外部利害关系人之间互动的方式[113]。Schein 认为组织文化是一个特定组织在处理外部适应和内部融合问题中所学习到的，由组织自身所发明和创造并且发展起来的一些基本的假定类型。他指出，组织文化包含三个层次：第一层次包括一些可见的但不能解释的人造物品和创意；第二层次则是价值观或是那些对人们来说重要的东西；第三层次是指导人们行为的一些基本信念。组织文化的核心是组织价值观与组织规范。组织价值观是组织成员应该追求什么目标，为达成这些目标应采取什么适当方法或标准的信念与构想；组织规范则是由组织价值观派生而来的组织成员的行为准则与期望。

组织文化是企业经营成败的决定性因素之一。优秀的公司文化是卓越公司的基础的观点已成为人们的共识，并为实践所证实。战略管理者认为优秀的公司文化可以扮演非正式战略的角色。《财富》杂志的调查表明，许多 CEO 认为组织文化是他们吸引、激励和留住能干员工最重要的筹码，在他们看来，组织文化是组织总体能够达到的卓越程度的唯一最佳预测器[27]。组织文化从成员的潜意识到可见面等各种层面均发挥作用。组织的共有价值观在很大程度上决定了员工的态度及对周围世界的反应。当遇到问题时,组织文化通过提供正确的途径来约束员工的行为,并对问题进行概念化、定义、分析和解决。组织文化在组织试图进行全范围的变革时尤其重要。组织的变革不但包括结构和过程的变革,还必须包括组织文化的变革。

一个组织的文化是在该组织的长期演化中形成的。如何设计与塑造组织文化,Hill 认为组织文化是战略领导的结果。首先,组织文化是由组织创办者与高层领导人的战略领导塑造而成的;其次,组织文化受组织结构的影响[55]。此外,可运用故事(真实的或虚构的)、符号与标识、仪式与典礼、奖酬制度等方法,加速价值观的组织社会化(Organizational Socialization)进程[56]。

处于同一行业企业的文化常常表现出相似的特点,因为他们所处的环境是相似的。Goffee 和 Jones 利用两个标准来对组织文化分类:其一是友好性,用以衡量组织中成员关系之间真实的友好性;其二是一致性,用以衡量组织排除个人的障碍,快速、有效地实现组织目标的能力。据此,将组织文化分为网络文化、唯利是图文化、片断文化、公共文化四种[114]。Denison 和 Mishra 则基于以下两个维度来划分组织文化:

(1)外部环境要求组织具有灵活性或稳定性的程度。

(2)公司的战略重点表现为内向型或外向型的程度。

据此,将组织文化分为适应性文化、成就性文化、宗族性文化和官僚文化四类[115]。

在研究组织文化对公司业绩的影响时,很多学者与机构对适应性文化(Adaptive Culture)与迟钝性文化(Inert Culture)的差异性做过分析。哈佛大学的 Kotter 和 Heskett 等人通过对美国 207 家公司的调查,对适应性文化与迟钝性文化作了明确区分:适应性文化是指具有创新精神、鼓励与奖酬中层与基层管理者积极主动行动的文化;迟钝性文化则相反。Daft 从可见的行为方式与表达的价值观两方面对适应性文化与非适应性文化进行了比较,指出适应性文化还非常关注所有利害关系人,特别是顾客[27]。Peters 和 Waterman 指出适应性文化具有三个显著特点:偏爱行动性的价值观;价值观来自组织使命的本质;如何经营组织的价值观[116]。

目前尚无规范性的方法来测量组织的文化，但研究表明文化可以通过评价一个组织具有的十个特征的程度来加以识别。这十个特征是：成员的同一性、团体的重要性、对人的关注、单位的一体化、控制、风险承受度、报酬标准、冲突的宽容度、手段与结果的倾向性、系统的开放性[116]。

组织文化与组织战略及结构之间有着密切的联系。不同的组织战略需要不同的组织文化加以配合，才能保证战略的成功。根据企业组织要素变化的大小与组织文化变化的大小，可区分出组织文化与战略相互关系的不同形式。组织文化与组织结构之间存在紧密的相互作用，设计结构的方法通过授权与分配任务关系会影响组织内所发展出来的价值观与行为规范，如 Gates 通过使组织结构扁平化和授权给工作团队，在 Microsoft 创造了一种创业家的文化。因此，管理者可以通过改变战略与组织结构设计来改变组织的文化。反之，文化对组织结构有着显著的影响，因为文化为组织行为提供了一致性、顺序和结构，并且决定了权力的本质和使用[117]。迟钝性文化会强化组织的惯性，并造成组织变革的阻力。

3.3　制造组织的技术系统分析

从 STS 理论的角度来说，技术决定了企业的组织结构模式。技术决定了分工与专业化的水平和模式，而组织是作为专业化基础上的协作形式存在的。所以，本节在讨论制造技术演化及 AMT 特点的基础上，通过对分工与专业化的讨论来探讨技术变化对组织结构的影响。

3.3.1　制造技术的演变

制造技术经历了从原始的人使用简单工具技术到手工制造技术、单件小批量制造技术、大规模制造技术、连续流程制造技术，进而向现代先进制造技术（AMT）的演变过程。Kast 强调了制造技术演变过程中两个基本因素的重要性：技术的复杂性与动态性。据此，可提出一个描述制造技术演变的连续统一体模式[26]，如图 3-2 所示。

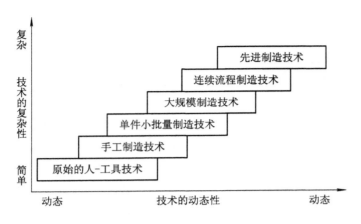

图 3-2 制造技术的演变

（资料来源：Kast F E，Rosenweig J E. Organization and Management：A Systems and Contingency Approach. New York：McGraw-Hill，1979）

　　该模式不仅反映了制造技术演变的进程，而且可以用来分析不同类型的技术对各种组织和组织中人的作用。沿着该统一体存在很多可能的组合模式，下端是极其简单的人-工具技术的组织，上端是使用以动态的、复杂的知识为基础的技术的组织。在任何复杂的组织内，都会有处于连续统一体不同位置的部门。

　　先进制造技术（AMT）这一概念自 20 世纪 80 年代提出以来，世界各国尤其是发达国家都十分重视其理论和应用研究，掀起了研究与应用 AMT 的浪潮。但对于先进制造技术目前还没有一个公认的严格定义。一般认为：AMT 是在传统制造技术的基础上，不断吸收现代科学技术在机械、电子、信息、材料、计算机、控制、能源、加工工艺、自动化及现代管理等领域的高新技术成果，并将其优化集成综合应用于产品的开发设计、制造、检测、销售、使用、管理和服务的全过程，以实现优质、高效、低耗、清洁、精益、敏捷、灵活的生产，取得最大的经济效益和社会效益的制造技术的总称。

　　虽然先进制造模式的出现与先进制造技术密不可分，实践中也常将两者混为一谈，但 AMT 与 AMM 是两个不同的概念。制造技术包括三个技术群[25]：主体技术群（先进制造技术的核心，如产品设计、工艺过程设计等技术）、支撑技术群（如计算机技术、自动化技术、人工智能等）

和基础结构(如质量管理、组织系统与控制结构等)。国内外众多的实践经验证明,以参与制造业市场竞争为目标应用的先进制造技术,必须在与之同步发展且相匹配的先进制造模式里运作,才能充分发挥作用。先进制造技术强调功能的发挥,而先进制造模式强调环境、战略和组织的协同。两者的关系可用图 3 - 3 来表示。

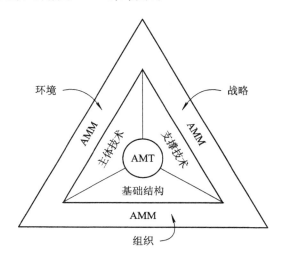

图 3 - 3　AMT 与 AMM 的关系

3.3.2　先进制造技术的特点

AMT 是一个广泛的概念,并与制造模式有着密不可分的关系。文献[25]将 AMT 分为理念层(Philosophy Level)、技术方法层(Technical Method Level)、系统方法层(System Method Level)。其中,技术方法层为狭义的制造技术,系统方法层实质上就是制造模式,而理念是隐含于制造模式之中,并作为各种制造模式建立与技术运用的哲学思想,是 AMM 的精髓。以下对 AMT 的主要技术方法作一简要评述,并对其基本特点进行分析。

1. AMT 概述

对技术方法而言,从集成制造的观点,一般将其分为制造技术、信息技术和组织管理技术三大类[61],与上述将 AMT 分为主体技术群、支撑技术群和基础结构的分法相类似。

1）制造技术

根据中国机械科学研究院的研究，对国民经济和制造业特别重要的重大综合技术包括以下六项[118]：

（1）工业智能技术。工业智能技术是指将信息技术、网络技术和智能技术应用于工业领域，给工业注入"智慧"的综合技术。工业智能技术应用的重点是制造业，包括智能制造技术和智能化产品与系统两部分，它强调采用计算机技术模拟人在制造过程中和产品使用过程中的智力活动，以进行分析、推理、判断、构思和决策，从而大大延伸和部分替代人类专家的脑力劳动。该技术研究的主要内容包括：智能制造技术、智能化故障诊断与维修技术、物流传送智能自动化技术、智能化工业机器人、智能控制技术、仪表与装置、智能家用电器、智能交通系统技术等。

（2）数字化制造技术。数字化技术是以计算机硬软件、外围设备、协议和网络为基础的信息离散化表述、定量、感知、传递、存储、处理、控制、联网的集成技术。在制造业可包括数字化制造技术和数字化产品两部分。将数字化技术用于支持全生命周期的制造活动和企业全局优化运行就是数字化制造技术；将数字化技术注入工业产品就是数字化产品。该技术研究的主要内容包括：数控技术与数控机床、制造信息支持系统（包括 MRP Ⅱ、ERP、MIS、PDM 与数据库技术）、计算机辅助后勤支持系统（CALS）、现场总线技术、数字化仪表、数字化测量技术等。

（3）精密制造技术。精密制造技术是指零件毛坯成形后余量很小或无余量、零件加工后精度达到微米级的制造技术的总称。精密制造技术包括超精密加工技术和超高速加工技术。超精密加工技术是指被加工零件的尺寸精度高、面粗糙度小以及所用机床定位精度的分辨率和重复性高的加工技术，亦称之为亚微米级的加工技术。超高速加工技术是指采用超硬材料的刀具，通过极大地提高切削速度和进给速度来提高材料切除率、加工精度和加工质量的现代加工技术。该技术研究的主要内容包括：成形和加工工艺模拟及优化技术、精密铸造成形技术、精确塑性成形技术、高效精确连接技术、复杂高精度模具技术、成形制造自动化技术、制造过程的质量控制技术、超精密加工机理和精密加工设备、超高速加工技术、超精密加工和超高速加工用的刀具及磨具、精密测量技术及误差补偿技术、精密装配技术。

（4）绿色制造技术。绿色制造技术是指在保证产品功能、质量、成本的前提下，综合考虑环境影响和资源效率的现代制造技术，它使产品从设计、生产、使用到报废整个生命周期中，符合环境保护要求，对生态环境无害或危害极少，资源消耗最低。该技术研究的主要内容包括：绿色产品设计评价系统建模技术、清洁生产技术、产品可拆卸和可回收技术、机电产品噪声控制技术和面向环境、面向能源、面向材料的绿色制造技术[119]。

（5）虚拟制造与网络制造技术。虚拟制造技术是以计算机仿真技术为前提，在计算机上实现对产品设计、加工和装配、检验、使用全部生命周期的统一建模和仿真。这样，可在产品的设计阶段就能对产品设计、制造过程和管理加以优化，达到产品开发周期和成本最小化、设计质量最优化、生产效率最高化。网络制造是虚拟制造的重要组成部分，网络制造技术是利用以网络为载体的信息高速公路，把分散在不同地点的制造资源和各种核心能力进行快速集成的技术。该技术研究的主要内容包括：虚拟制造环境技术，即建立一个较完善的虚拟现实软硬件环境，可实现虚拟建模、虚拟装配及各种仿真和检验；虚拟制造单元技术，包括虚拟样机与产品工作性能评测技术，热加工、冷加工过程仿真技术，企业生产过程仿真与优化技术；单元技术的集成与虚拟制造系统，即构成一个集设计、生产、检验和产品评价仿真等功能的完善系统；制造资源信息网，为网络制造提供信息支持，在网络环境下进行组织管理、质量保证和解决法律问题。

（6）快速响应制造技术。快速响应制造技术是指对市场需求做出快速响应的制造技术集成。它将信息技术、快速制造技术、虚拟现实技术、组织管理技术等集成，并充分利用信息高速公路及制造业的资源，采用新的设计理论和方法、制造工艺、新的企业组织与管理方法，将市场、研发和制造有机地结合起来，以快速响应市场个性化的需求。该技术研究的主要内容包括：快速设计技术、快速反求系统、快速原型/零件制造技术、快速模具制造技术、CAD与快速原型成形之间的第三方数据交换软件及三维实体软件、可重组制造系统、客户化生产方式、快速响应制造技术集成等。

设计技术是AMT中的重要组成部分，它是针对制造系统与产品的工程技术，包括 CAD、CAE、CAPP、面向 X 设计(DFX)、可靠性设计、健壮性设计、优化设计、精度设计、反求工程技术、快速原型设计、疲劳设计等。

2）信息技术

IT 是现代 AMT 与 AMM 赖以产生和发展的基础，信息化也是 AMT 与 AMM 演化的主要趋势。从技术方法层面看，IT 已融入了各种 AMT，成为其固有的组成部分；从系统方法层面或制造模式层面看，信息的系统集成不仅是制造模式建立的基础，而且是信息的系统集成方式，决定了各种 AMM 的基本特点。

3）组织管理技术

组织管理技术是 AMT 的固有组成部分，针对于不同制造技术的运用与制造模式的运作，有不同的组织管理技术和方法，如：在生产计划和控制中，有看板系统、物料需求计划(MRP)；在产品设计开发管理中，有群组技术(GT)、质量功能部署(QFD)等；在组织管理中，有团队工作(Team Work)、授权(Empowerment)等；在企业集成与建模上，较有影响的研究成果有 GRAI/GIM 方法、IFIP 方法、KADS 方法、CIMOSA 方法、IDEF 方法、ARIS 体系结构、PERA 方法与 TOVE 方法等，工作流建模技术、面向对象的建模方法也取得了不少研究成果；在质量管理上，有质量功能环(QC)、统计质量控制等；在信息交流上，有各种计算机通信技术、电子数据交换技术(EDI)、产品代码识别技术等。

2. AMT 的特点

AMT 是一个多学科的综合体系，其概念远远超越了传统制造技术和企业及车间，甚至国家间的界限。它涵盖了从市场需求、产品开发、创新设计、工艺技术、生产过程的组织与监控、销售服务、市场信息反馈等在内的贯穿整个产品生命周期的系统工程。AMT 已成为当代国际间科技竞争的重点，它的技术水平的高低在很大程度上反映了一个国家工业的发展水平。

AMT 具有以下特点[118]：

(1) 面向未来。AMT 是在传统制造技术的基础上发展起来的，它是制造技术的最新发展阶段，因此它既保持了传统制造技术中的精华，又不断吸收了各种高新技术成果，并渗透到了产品生产的各个领域。AMT 与现代高新技术的不断结合，使其得以不断提高、不断发展。

（2）面向竞争。随着市场和经济全球化趋势的发展，世界各国都在通过各种手段来争夺世界市场，竞争异常激烈。AMT 正是在不断适应这种激烈的市场竞争中产生的，因此它也毫无疑问地成为提升一个国家制造业的全球市场竞争力的先进技术。

（3）面向产品全生命周期。AMT 并不仅仅局限于制造过程本身，它涉及产品从市场需求、设计开发、工艺技术、生产准备、加工制造、售后服务等各个方面和环节，并将它们结合为一个有机的整体，全面提升企业的市场竞争能力和综合实力。

（4）面向多学科集成。AMT 特别强调各学科之间的相互交叉和渗透，强调不同技术领域之间的相互融合和集成。它将计算机技术、信息技术、自动化技术、新材料技术、现代组织管理技术等全面地应用于产品生产的全过程，并把它们有机地集成为一个高效的、相互间紧密联系的系统工程。

3.3.3　技术与分工理论

分工与专业化是一个事物的两个侧面，简言之，分工是对工作的细分，其人格表现则是专业化。分工的本质在于它发展了人类的劳动能力，同时又使人失去了对自身劳动的控制[120]。

分工是由劳动效率同技术构成的联系决定的。劳动的专业化程度同生产的技术构成成反比。技术构成愈低，生产愈加依赖于人力，人的技术就愈重要，因而使个人终身专司一事就愈成为必然；反之，生产的技术构成愈高，生产过程就愈加依赖于各种自然力，人的片面化和局部化就愈成为多余[120]。就基础的作业分工而言，分工可由个人的专业化、生产的迂回程度及产品种类数三个侧面来描述。因此，技术因素是决定分工与专业化的基础，但不是分工的唯一因素。

1. 分工理论研究的发展

人类对于分工的思考，中国古代先秦与古希腊的思想家就已有论述[120]。而对于分工的近代研究则始于 Smith。在其名著《国富论》中，Smith 提出三个分工原理：第一，分工是提高劳动效率的主要手段；第二，分工起因于人类使其天赋资质的差别交换使用的天性，即商品交换；第三，社会分工发展的自然顺序是农业—工业—商业。Smith 所研究的生产分工属于经济生产率的绝对优势理论。李嘉图则强调外生比较优势（Comparative Advantage）对分工的影响[120]。

Babbage 发展了体力和脑力分工的思想，以及脑力分工的原理[121]。他提出：分工不仅适用于体力劳动范围或脑力与体力劳动之间，而且也适用于脑力劳动本身；分工的好处，除了可以提高工作效率以外，还在于能够节约劳动费用。Taylor 对于制造企业的内部分工从组织的角度进行了创造性的扩充，其职能分工原理成为现代企业的基本组织方式。在《科学管理原理》一书中，Taylor 把他的理论概括为三条原则：① 使技术的积累和总结同劳动者分离；② 使劳动的计划职能同劳动者分离；③ 使对劳动的控制意志同劳动者分离。

法国社会学家 Durkheim 从道德社会学的角度研究分工[120]，对分工产生的原因提出了不同寻常的见解。他认为分工的出现是由于社会领域内的生存竞争，分工变迁的直接原因在于社会的密度与容积的密度永恒增加。

近代经济学家关于分工进行了多方面的研究。Walker 研究了各种社会组织中的分工，指出分工对新工具和新技术发明的作用。他认为分工产生的协调费用是限制分工发展的关键因素[101]。Young 指出递增报酬并不是由工厂或产业部门的规模产生，而是由专业化和分工产生。Katz 等人提出了网络效应的概念[122]，指出分工组织就是一种典型的网络。Houthakker 指出分工的好处与交易费用之间的冲突可以用来解释如何以交易效率决定市场的大小，而市场的大小决定分工水平。Stigler、Rosen 等人的研究证明了分工的好处看起来很像外部规模经济，但却能在根本没有规模经济的情况下存在[123]。他们指出人与人的关联性的增加可以扩大社会的生产和积累知识的能力，而规模经济和范围经济是纯技术概念，与社会中的人与人的关联性无关。Becker 和 Murphy 指出专业化的好处来自于每种活动中固定人力资本投资，专业化可以减少重复学习的费用，因而可以提高学习效率[124]。Rosen 提出了一个内生比较利益模型来解释关于专业化水平的决策[125]。当生产中技术互补性超过人的社会互补性产生的专业化效益时，非专业化是最优决策，否则专业化是最优决策。杨小凯和黄有光将 Coase 和张五常的企业理论数学化，指出当劳动交易费用低于产品交易费用时，分工就会由企业制度来组织。

2. 分工的演进与发展趋势

伴随着技术、市场与社会条件的变化，制造业组织内部分工经历了从工场手工业分工、机器工厂分工到自动化工厂分工的演变过程，相应地，办公室分工也经历了类似的演变过程。分工演进的不同阶段，其内部组织形式不同。

工场手工业是现代工业出现前企业组织的初级形态，它是将社会上分散的同行业或不同业的手工业者集中到工场作坊生产一种产品而形成的。其内部分工经历了从独立的产品分工到相互联系的功能分工的发展过程。这种演进是分工发展的重大进步。功能分工中各环节的联系是由技术性质决定的内在结合。

19 世纪末，随着第一次产业革命的兴起，工厂制度建立，分工亦从工场手工业分工转向了机器工厂分工和自动化工厂分工。在机器工厂中，机器取代手工成为制造的主导形式，技术设备亦成为分工的主要基础。它要求把不同的操作工人分配到各种不同的机器上去[120]。这种分工使得工人操作的专业化进一步发展。与此同时，出现了管理控制职能与操作职能的分离，以及专业技术职能与操作职能的分离。这是 19 世纪末通过 Taylor 的科学管理运动所确立的新型制度[120]。

随着技术的发展，自动化发展成为机器工厂的高级形式。自动生产线将工作分解得非常细致，每个岗位上的工人只完成一种极其简单的操作，劳动极为单调，而且自动线的速度很快，工人还要高度集中精力、动作敏捷[120]。这种过细分工的副作用导致了人们对专业化与分工的反思，推动了社会技术系统理论研究与实践的兴起，因而也间接推动了现代团队分工与组织的出现。

管理职能与作业职能的分离，确立了现代工厂制度，出现了专门的管理部门，由此开始了办公室的分工。办公室的分工与工厂的作业分工并无本质区别。办公室的分工按职能区分为制造、销售、财务、工程等一系列的部门。在每一部门内，也是一部分人承担管理工作，另一部分人承担业务工作。

从发展趋势上看，分工的发展趋势之一是在经济领域非生产人员扩大，除表现在商业工作人员增加外，特别突出的是服务性行业和服务人员的大规模发展；从组织内部分工上看，从强调细致的专业化分工向以任务为基础的团队分工发展；从社会技术系统上看，工作扩大化、工作丰富化思想应用的发展、团队组织的出现，及以 BPR 的广泛实施都表明了这一趋势的发展。这一趋势后面的推动因素则是技术的发展和人力素质的提高，组织内部的分工外化为组织之间联盟的分工。近年来，动态联盟、战略联盟的兴起即是这一趋势的体现。这一趋势是技术推动下的市场激烈竞争的产物。

3.3.4　技术、专业化及其与制造组织的关系

从分工理论研究与实践的演进分析可以看出，技术革命导致了现代企业制度的诞生。从此，整个分工研究与实践关注的主要是企业内部分工。企业内部分工是以技术导向的作业分工为基础的，并推动了简单组织结构向职能组织结构的发展。因此，组织创新是技术发展的必然结果，而组织创新反过来也推动了制造技术的发展。

技术对组织结构的影响是通过两方面来发挥作用的：① 技术决定组织内部制造活动的分工与专业化的模式和水平；② 技术通过影响市场需求而影响组织间的社会分工与专业化。组织的本质是专业化基础上的协作形式。因此，分工与专业化是联系技术和组织结构的纽带。同时，应注意到组织是作为一个社会技术系统而存在的，技术不可能是组织结构的唯一影响因素。此外，组织结构对技术发展有巨大的反作用，这种影响也是通过技术运用中分工与专业化及其配合方式来发挥作用的。

现代企业组织分工是市场激烈竞争的产物，也是满足技术发展所引起的消费观念变化的实现手段。消费维度的扩大与消费层次的提升，引起了需求多样化与市场细分化的进一步发展，其结果是市场容量相对缩小，导致企业的生存环境与生产方式发生了转变，使得实现生产的制造模式必须适应企业的生存而从技术主导型向组织主导型转变。技术成为影响企业组织分工的间接因素。

联盟组织的出现与发展是上述变化的必然产物。联盟的经济目的是在新的市场环境下充分利用现代 IT 工具，面对世界经济一体化的趋势，构筑新的经济组织形式，通过企业之间的能力互补，改变单个企业资源

能力的局限，提升适应产品和技术更新节奏的反应速度。联盟的构成单元可能是单独的企业，也可能来自于传统企业的一个职能部门，可以是来自大学的一个科研团队，还可以是具有独立技术开发能力的个人。从分工的观点看，联盟组织是市场分工内化为组织分工、企业内部分工外化为社会分工的产物，其本质是社会分工的进一步细化与协作契约性质的改变。

3.4　制造组织的本质与系统特征

前面对制造组织的理论基础已分别从组织经济学、组织管理学及技术系统论三个方面进行了分析，本节将对制造组织概念的本质进行归纳和分析，并以此为基础，提出制造组织的系统模型，同时对制造组织的系统特征作简要分析。

3.4.1　组织的概念分析

对于组织的基本概念与基本特征，国内外许多学者包括组织经济学、组织管理学、组织行为学和 STS 等领域的学者都进行了研究，下面对其观点作一简要归纳与分析。

组织经济学将企业组织的出现归结为因交易费用的存在而形成的契约替代，在他们看来组织与市场两种制度，虽然其运作机理不同（组织运作以权威为基础，市场运作以交易为基础），但其本质都是一种契约。Stigler 将企业组织定义为典型的制度之集合[100]；Jensen 等人则把企业组织定义为一组契约网络[106]。因此，按照组织经济学的观点，组织是契约的集合体，它由许多成文或不成文的契约组成。组织内的每个成员都根据契约的约定进行工作，并据此而获得相应的报酬。企业家亦是以契约为基础，受所有者的委托从事企业的经营的。

组织管理学作为一个高度综合的交叉学科，它对组织的理解融合了各相关学科的观点。作为以组织为研究对象的本体学科，它致力于发展关于组织的概念、要素、结构、过程、功能等的系统知识。其对组织的综合理解揭示了组织的本质。现代组织管理学认为，组织的使命（即组织存在的理由）在于创造顾客价值（包括组织的利润或利益）[55, 94]；从组织的生存及行为能力看，组织是一个核心能力的网络[110]；从组织作为人群系统的社会属性考察，现代组织管理理论与实践强调组织文化的重要性，认为组织建立在一套价值观和信念的基础上，组织就是共同思想的化身[61]。

组织政治学是从权力的观点来定义组织的。古典管理学对组织的理解多来自政治领域。组织政治学认为组织是一个由内部各利益集团所组成的政治系统，每个利益集团为了巩固自己的地位都意图掌握决策权或意图加强自己对决策过程的影响力；组织是各种权力集团组合成的权力集合体，为了满足本集团的利益和要求，各权力集团都意图用自己的权力来控制或影响组织对各种资源的分配。对其成员而言，组织又是控制和统治的工具，每个成员都受到一个特定上司的指挥和控制。现代观点认为组织中过强的政治气氛是有害的[55]。

STS学派对组织的经典定义是：组织是一个开放的社会技术系统，它具有为达到某些目标而采用技术的人类活动的结构和组合[26]。STS强调组织中技术系统与社会系统两类因素的相互作用。技术影响组织投入的种类、转换过程的性质和系统的产出，社会系统决定着技术利用的有效性和效率。STS还认为组织是作为专业化基础上的协作形式；组织是创造与使用技术的工具[26]。STS中的社会系统观代表着现代组织理论的主流观点。其基本观点是组织是人的集合，是为了实现一定目标的人员，通过协调和安排而形成的、具有一定边界的社会实体。其中以Kast对组织的定义最具代表性。Kast认为组织是结构性和整体性的活动，即在相互依存的关系中人们共同工作或协作。相互关联性的观念表明的是社会系统。所以，组织是：① 有目标的，即怀有某种目的的人群；② 心理系统，即群体中相互作用的人；③ 技术系统，即运用知识和技能的人群；④ 有结构的活动的整体，即在特定关系模式中一起工作的人群[26]。

组织系统理论从组织系统的要素、系统特性及功能等多方面形成了对组织的多种理解。组织是一个人造的有人系统；组织是一个开放系统，是依托环境而求生存的"输入→产出"的转换系统；组织是一个信息处理系统，每个组织都要通过其纵横交错的各级机构来处理从环境中输入的各种信息，并以信息为基础来进行决策和协调组织的各种活动。此外，STS 作为组织系统理论的一个学派，其观点对研究制造组织具有重要的意义。

3.4.2　现代制造组织的本质

综上所述，制造组织的本质可从管理、经济及社会技术系统等理论进行分析。现代组织管理理论强调价值创造及其核心能力[94, 110]；组织经济学强调契约关系，认为组织存在的本质是因交易成本而导致的契约替代；社会技术系统学派则注重技术因素与社会心理因素的相互影响[26]。从组织的社会系统属性看，组织就是共同思想的化身，它建立在一套价值观和信念的基础上[61]。因此，本书认为制造组织的本质可以归结为：

（1）制造组织是一个基于核心能力的契约网络。

（2）制造组织是一个由社会、技术因素及其相互作用构成的社会技术系统。

（3）制造组织是群体共同价值理念的化身。

（4）制造组织的使命在于价值创造。

3.4.3　制造组织的系统模型与特征

1. 制造组织的系统模型

Kast 和 Rosenzweig 从组织系统论的角度提出了一个普遍的组织系统模型[26]。他们认为组织系统是一个属于更广泛环境的分系统，它由可识别的界限与其环境划分开来，并由以下五个分系统构成：目标与价值分系统、技术分系统、结构分系统、社会心理分系统、管理分系统。这五个分系统之间是相互联系、相互影响的，其中管理分系统在系统的运行中起着神经中枢的作用。

阿瑟·李特尔咨询公司提出了一个描述高绩效业务特征的金字塔系统模型[79]，指出了作为成功关键的四个因素：利益攸关者、过程、资源和组织。处于金字塔顶层的是利益攸关者，高绩效业务首先要求建立满足关键的利益攸关者的战略，如雇员满意、顾客满意、股东满意等。处于第二层次的是过程，主要强调采用逆工程流程和建立跨功能团队管理及改进创造价值的关键或核心的业务过程。处于底层的是与过程相匹配的资源和组织。资源包括人力、技术、信息、物料和设备等，关键是掌握和培养公司必需业务的核心资源和能力；组织包括结构、政策和文化，主要强调支持战略改变的结构变革与适应性文化的作用。该模型指出了现代竞争环境中企业成功的关键因素，为研究制造组织提供了一个有价值的参考框架。

从系统的观点看，制造组织系统是一个复合系统，它提供了按不同性质分解与集成的可能，按什么性质分解系统是自由的，可以按研究与应用的目的来确定。本书在已有研究的基础上提出了一个制造组织系统的总体模型，如图 3-4 所示。

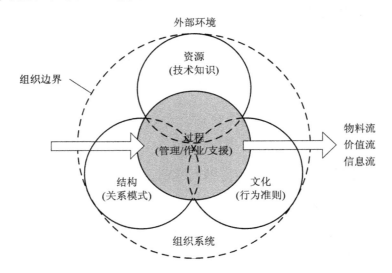

图 3-4 制造组织系统的总体模型

该模型由以下四个视图（分系统）构成：

（1）资源视图：组织及其活动的基本要素，包括技术（方法、装备与设施）、知识与人力资源等，其中人是构成组织的主体要素。

（2）结构视图：组织资源的集成形式，核心是组织成员的整体活动，可由角色、权威与交往模式来描述。在设计上，结构与组织的任务分工（水平差异化）、权力分割（垂直差异化）及其结合方式（一体化）有关，并可通过组织结构图、职务说明书、规则和程序等表示出来。

（3）文化视图：组织成员的社会行为因素，主要是组织的核心价值观、行为规范与群体动力（相互作用）等。它包含了 Kast 模型中的价值分系统与社会心理分系统。

　　(4) 过程视图：制造组织的活动过程。它反映了制造组织的三个主要过程：管理过程(计划与控制过程)、作业过程(技术转换或经营过程)及为之服务的支援过程。

　　过程是可共同为顾客创造价值的一系列相关联的行为，由活动、活动单元及子过程构成。过程的输出为产品、系统、服务及创意等，它所体现的总价值由消耗输入的转移价值与过程的增加值构成。在理论上，绝对价值可以由顾客的支付意愿，即经济学中顾客的需求价格来衡量；相对价值由绝对价值与价值生命周期费用的时值之比来衡量。在本模型中，过程由以下三种过程所构成。

- 管理过程：间接参与价值创造的关键过程。
- 作业过程：直接参与价值创造的关键与非关键过程。
- 支援过程：间接参与价值创造的非关键过程。

　　将过程作上述区分，便于在其研究与应用集成中针对关键过程(核心过程)、主要过程与次要过程采用不同的集成策略。管理是组织中协调各分系统的活动，并使之与环境相适应的主要力量。它在制定战略与目标、过程计划与控制中起着中枢的作用。在此区分组织与管理的概念是必要的：组织是一种有人系统的基础结构；管理是对组织行为/过程的计划与控制(协调)。组织与管理之间存在相互作用，组织影响管理(结构影响行为)，管理协调的范围包括设计组织(结构)。作业过程是直接参与价值创造的主要过程。在本模型中采用以下三流来表征：① 物质流：包括物料、能量及活动等；② 信息流：包括所有的信息联系与沟通(信息的获取、存储、处理和运用)；③ 价值流：制造过程中的价值运动，以现金流量及成本与质量等因素综合反映。价值流的观点将过程与制造组织的目的直接联系了起来，制造组织的直接目的是通过创造和提供价值赢得顾客满意及其他利益攸关者的满意。强调围绕过程，亦即围绕价值流的系统集成，有助于在集成中识别创造价值的关键过程及相应的核心资源与能力，亦便于运用价值链、供应链(Supply Chain)技术持续改进创造价值的过程。

　　在本模型中，资源、结构、文化与过程四个分系统之间存在紧密的相互联系和相互影响，并且与外部环境是相互联系、相互影响的，其联系的基本形式是物流、信息流、价值流。事实上，制造组织系统生存的基本前提是，作为环境系统的一个分系统的制造组织必须在整个环境系统的制约下达到其目标。制造组织要成功地获得投入，并完成为社会创造价值的职能，就必须顺应社会环境的制约和要求。反之，制造组织也对其所处的环境系统产生影响。

在组织系统与外部环境之间存在着可识别的组织边界（Organization Boundary）。根据组织经济学的观点，组织边界的界定取决于市场的边际交易费用与组织的边际运行成本的比较，及经营活动的不可分性。社会技术系统（STS）学派则强调组织边界在工作设计与组织设计中的重要性，同时认为确定组织边界是困难的[26]。随着组织的不断创新，组织边界趋于淡化。

2. 现代制造组织系统的特征

制造组织作为一个人造的有人系统，除了具有一般系统的结构与功能特征外，还具有一些新特征。下面对制造组织演化的新特征作一简要分析。

（1）制造组织的复杂适应系统（CAS）特征。制造组织是典型的复杂适应系统，Kast 从历史与实证的角度论述了发展复杂组织在人类经济技术发展中的重要作用，强调发展复杂组织的能力是推动人类社会发展的关键能力之一[26]。复杂适应系统理论则从理论上对此作出了论证：随着环境复杂性的增加，组织必须发展出高于环境的复杂性才能生存；发展组织复杂性的基本途径是提高组织内部的自治、变革与关联[67,69]。基于单元的网络化组织具备这些特征，因此，从复杂适应系统理论的观点看，基于单元的网络化组织是制造组织的理想结构。

（2）制造组织系统的动态性、稳定性的平衡。传统组织系统理论将制造组织分为动态结构（有机结构）、稳定结构（机械结构）[26]。为适应环境快速变化的趋势，现代组织理论多强调组织的动态性，对组织的稳定性注意不够，特别是从设计与结构上关注组织系统动态性、稳定性的关系及其影响的研究较少。从系统论的观点看，动态性强调组织系统的适应功能，稳定性则强调组织系统的维持功能。高度动荡或超稳定的组织都是难以生存的，动态性与稳定性的平衡是组织生存发展的基本条件[26]。

（3）制造组织进化的生态化特征。随着现代组织理论的发展，特别是组织生态理论与商业生态系统理论的发展[90]，以及以生物制造（BM）为代表的生态制造模式的提出[7]，制造组织的演化呈现出日益明显的生态化特征与趋势，即通过组织学习、进化（组织发展）与变异（组织创新），使组织获得生命有机体的智慧、技巧等行为特征。因此，组织演化的极终形态是生态组织。

（4）制造组织结构的演化呈单元化、网络化集成的特点。从组织结构考察，现代组织理论创新最主要的成果是团队组织与网络组织的发展。AMM 中的前沿性系统模式，如生物制造（BM）、全息制造（HM）、分形制造（FM）、智能制造（IM）等均强调制造系统的单元性；计算机集成制造（CIM）、现代集成制造（CIM）、柔性集成制造（FIM）等则强调制造系统的集成性。集成的形态必然是一种由价值网络所决定的网络结构。这与复杂适应系统理论的结论（即基于单元的网络化组织是制造组织的理想结构）是一致的。

（5）制造组织的一体化趋势。制造组织的一体化趋势主要表现在组织市场化、市场组织化趋势的发展上。组织与市场两种制度趋于融合。动态联盟、战略联盟等中间组织的迅猛发展正是这一趋势的表现。现代制造组织作为一个核心能力网络，组织系统与其环境的界限趋于模糊，亦即组织边界趋于淡化。

（6）制造组织体现 AMM 与先进制造系统的特征。制造模式是制造活动的组织方式，人们通常从技术、组织两个视角对制造模式进行界定与分类研究，但组织更能体现制造模式的特征。现代 AMM 的创新本质上是制造组织系统的创新。反之，AMM 的发展是推动组织创新的重要动因。

3.5　本　章　小　结

本章主要从组织经济学、组织管理学及技术系统的视角，对制造组织进行了深入的理论分析，并在此基础上指出了制造组织的本质与系统特征。

首先，运用组织经济学的交易费用理论、委托代理理论与产权理论对制造组织进行了理论分析，指出了契约、代理成本等对组织结构选择的影响。

其次，运用价值创造与价值链理论、核心能力理论、经营机遇理论、组织文化理论等组织管理理论对制造组织的本质与结构属性进行了分析。

再次，对先进制造技术（AMT）的内容、特征，及其与 AMM 和组织结构的关系进行了分析；对作为技术与组织联结纽带的分工（专业化）的演进趋势进行了分析，明确了 AMT、专业化与制造组织设计的关系。

最后，在上述分析的基础上，指出了现代制造组织的本质——制造组织是一个基于核心能力的契约网络，是一个社会技术系统，是群体共同价值理念的化身，其使命在于价值创造；构建了一个制造组织的系统结构模型，并从 STS 的视角对制造组织的系统特征作出了分析与阐释。

本章的研究工作为本书所研究的新型制造组织的设计提供了概念与理论基础。

第四章

最优组织单元研究

　　本章的主要目的是，从 AMM 与组织变革的发展趋势出发，探讨组织设计的基本单位——OOU 的概念及其建模问题，并对其设计原则与 STS 并行设计方法进行研究，从而形成基于 OOU 的一体化网络组织集成设计的基础。

4.1　最优组织单元的定义及其特性分析

4.1.1　问题的提出：AMM 及其组织结构问题

　　目前，有关先进制造模式以及组织创新研究的一系列前沿性课题，与组织结构有着密切的联系，结构问题的解决关系着先进制造模式与组织创新的应用及发展。本书所探讨的基于 OOU 的一体化网络组织集成设计思想主要源于以下问题的思考。

1. 先进制造模式的实现问题

　　近年来，人们所提出的多种先进制造模式，尽管其建立的理论基础与实现的途径不同，但其设计上一个主要的共同特点是强调制造系统的单元性[7]，如生物制造模式的"细胞"、分形制造模式的"分形体"、全息制造模式的"全息体"、智能制造模式的"智能体"等。通过设计赋予单元不同特性并通过系统整合，可使制造系统具有适应动态变化环境的自组织、分散性、虚拟性与网络性等特征。其他制造模式，如可重构制造、分散化网络制造、多代理制造等则直接利用基础理论研究先进制造的理论机理,在理念上与上述模式类似。而灵捷制造、现代集成制造等则是在更高层次上探讨制造过程的集成问题[25]。

制造模式是制造活动的集成方式,它主要由技术、组织、战略三个层次因素的协同方式所决定[126]。相对于技术而言,组织更能体现制造模式的本质特征[25],这是因为相对于技术系统而言,组织模式具有更稳定的特点;同时,作为体现制造模式特点的制造系统是由多种复杂因素构成的,特别是它包含人的因素,只有组织才能体现各种系统要素的协同与集成。事实上,制造模式就是制造活动的组织方式,它是制造战略与制造技术的载体。近年来,制造模式的变革与创新,本质上是制造系统组织结构的变革与创新。而组织结构研究的滞后,也是许多先进制造模式尚停留在理论探索阶段而未能投入实际运用的瓶颈所在。

2. 团队组织的规模与结构问题

团队组织(Team Organization)是近年来受到广泛重视的一种新型组织结构。许多新制造模式与组织形态(如学习型组织等)均建立在团队结构基础之上,在组织变革、业务流程重组等领域也进行了大量实践尝试。团队通常被定义为执行特定业务的小组,其基本思想是按对象(业务及过程)构建组织,而非传统的按功能来构建组织。目前的研究多局限于团队结构的概念、特征及优势等方面[28, 127],而对团队的规模、内部构造以及如何集成为整体组织等方面的研究尚不多见。限制团队组织应用的主要问题是,当团队规模很大(如超过 500 人)时,将会出现沟通联系渠道激增的问题,从而造成组织协调的瘫痪。

3. 网络组织结构的集成问题

网络化是现代组织发展的另一重要趋势。在完全网络化或内外一体化网络组织的集成时,会出现团队内部结构类似的问题[27],因为完全网络化集成本质上是在更高一级系统层次上的团队结构问题。

4. 组织结构的快速重构问题

随着技术、需求的变化越来越快,特别是高技术行业,制造系统的生命周期越来越短,组织重构的频度也相应增加。在资产专用性提高的条件下,组织重构的成本越来越高;为了适应动态变化的环境,制造系统对柔性与敏捷性的要求越来越高，传统组织设计难以适应日益快速变化的环境的需要，而制造系统的柔性与敏捷性在很大程度上取决于组织结构因素。在此情况下，制造系统的发展及其组织变革面临的一个重要课题就是如何快速、低成本、低风险地进行组织重构，以保持组织的柔性、敏捷性及持续的竞争优势。这是企业在激烈的竞争中立于不败之地的一个日益突出的问题。

5. 组织的发展趋势：组织生态化问题

随着生物制造模式的提出，绿色制造理念的确立，必然提出绿色制造系统、绿色制造组织的要求，制造的自然生态观亦必然向组织生态观延伸[7]。组织生态理论则致力于直接借鉴自然生态系统的演变特性来探索组织的生态化问题。从传统组织向学习型组织，进而向生态化组织的演变，代表了组织发展的必然趋势。生态化组织的核心概念包括组织生命、组织智慧、组织进化与组织 DNA 等[46]。组织的生态功能要以一定的结构为其载体，生态化组织目前还是一个尚待深入研究的课题，而结构问题则是该领域研究取得突破的关键性问题。

以上问题均可归结为组织结构的问题，即组织结构的基本要素及其网络化集成的问题，这些问题的解决有赖于对现有结构形式的根本性再思考与创新。这也是本书探讨组织结构问题的基本出发点。

4.1.2　最优组织单元的定义

基于对上述问题的思考，并受到生态系统理论、复杂适应系统理论，以及相关组织设计思想的启示[1,61]，本书提出的最优组织单元的定义如下：

最优组织单元（OOU）是制造组织系统集成的基本单位，它是面向任务建立的、具有最小规模和最佳运行效率的自治团队（Self-directed Team）。它具有自治团队的一般特征，但由于它作为组织集成基本单位的结构功能定位，以及面向任务和最小规模的设计，使之具有一般自制团队所不具备或不能充分体现的、新的结构与行为特征。

这里，任务是由企业的业务及其过程的分解界定的，出于相对独立性与完整性考虑，它是不宜进一步细分的业务单元。团队的规模与其承担的业务有关。上述定义中的最小规模是指相对于业务而言所组成团队的最少人数。

4.1.3　最优组织单元的特性分析

以下从 OOU 的定义出发,对其主要的结构、功能与行为特性进行概括和分析,具体可概括为以下几方面。

1. 面向任务建立

OOU 由外部依据任务而组建。首先,单元是为了完成任务而存在的,这与传统的观点不同。传统的分工观点是将任务分割开来由不同的职能部门来执行,这样虽可以提高专业化工作的效率,但由于各部门之间目标和利益的冲突,却造成了跨部门横向协调的困难和整体任务的低效率。以任务为导向的最优组织单元则与传统的观点刚好相反,它追求的是任务的完整性与高效率。其次,与一般任务团队不同。这里的任务是由企业的业务及其过程的分解界定的,出于相对独立性与完整性考虑,它是不宜进一步细分的业务单元。而在一项任务内部,可进一步细分为一系列紧密联系的活动或作业,如图 4 - 1 所示,该划分构成了OOU 设计和基于 OOU 的一体化网络组织结构设计的基本出发点。

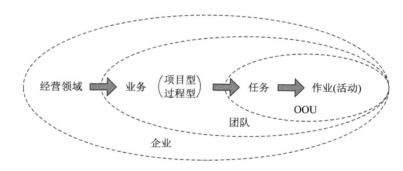

图 4 - 1　企业价值链业务分解与结构层次

2. 具有自治权

OOU 在执行任务中具有自主决策、自我控制的自治权力,这是团队组织的本质特征之一,因此被称为自治团队。该自治权源于外界的授权及单元所拥有的解决问题和决策的技能。自治权使得 OOU 与上一层次系统或管理部门的关系由命令、计划转变为协商与交易的关系。同时，充分的自治权也是单元具备自学习、自适应、自进化功能的基础。

3. 成员具备多种技能

OOU 必须具备完成任务所需的全部技能，每个成员拥有执行任务所必需的多种技能[127]。成员之间具有技能的相互替代性，同时成员的核心技能或特长应具有互补性。与传统分工中高度专业化的工作不同，OOU 成员从事的是跨专业的工作。所有成员不仅对自己从事的活动负责，而且对整个单元的结果负责，他们必然受更大范围技能的驱动。OOU 所需具备的技能包括三个方面[127]：

（1）技术性或职能性的专家意见。如 R&D 小组中，融合市场营销人员、各相关技术领域的工程师、财务分析人员的意见，会使 R&D 活动更易于取得成功。

（2）解决问题的技能和决策的技能。成员必须能识别他们面对的问题和机会，对必须采取的后续步骤进行评估，然后对如何行动做出权衡和决定。

（3）人际关系的技能。没有成员之间有效的沟通和不同专业思想的交流，就不可能产生共同使命、理解和行动，OOU 的成员必须掌握良好的人际关系的技能。

任务技能的确定是任务分析与 OOU 设计的主要内容，技能选择的依据是单元所承担任务的特性和其相关的外部环境[127]。OOU 所需技能的具备取决于单元组成时成员的甄选与 OOU 运行中的进一步发展及培养。就单元成员的甄选而言，应以完成任务和社会满意为目标，该目标是由成员扮演下面两种角色来实现的：

（1）任务专员角色（Task Specialist Role），要求成员具有创造、提出建议、搜索信息、总结与鼓动的能力。

（2）社会情绪角色（Socio-emotional Role），要求成员具有鼓励、协调、缓解紧张关系、追随和妥协的技巧[27]。

4. 成员地位平等

OOU 的设计赋予每个成员平等的地位，其领导者一般只充当联络人的角色，且很多时候是由其成员轮流担任的。单元的活动对领导者的依赖很小，其活动是由任务与环境驱动的。成员之间的信息交流及沟通等主要通过直接接触的形式(非正式形式)进行；行动是通过协商或按多数意见决定，并由全体成员的密切合作完成的；每个成员都对单元的结果负责。地位平等有利于形成全体成员高度认同的价值观，而一个为全体成员高度认同的价值观，是实现成员之间良好沟通、充分信任与合作的前提，进而有助于产生团队精神[61]。单元内部没有层级结构中存在的委托代理关系，因此，弱化了因信息不对称而产生的委托代理问题，使激励、约束等交易成本大大降低。

5. 最小规模

相对于业务的最小规模是 OOU 的关键结构特征之一，它使得 OOU 获得一般自治团队所不具备的新的行为特征。从 STS 的观点看，技术因素决定成员协作的复杂性，但技术因素只是任务划分的影响因素之一，并不直接决定任务及其组织单元的规模。而单元作为一个社会系统要求有一个适度的规模[127]。

就一般团队而言，规模的变动范围很大，少至 2 人，最多可达数百人。相关研究认为，团队的适宜规模为 5～12 人，并认为理想规模为 7 人，12 人以上就属于大团队[27]。在实践中，小规模团队应用最成功的典范是 TQM 中的 QC(Quality Circle)小组。美国 AOL Technologies 公司总裁 Oglethorpe 坚信保持小规模是团队成功之本，"如果你拥有的成员数量超过 15 人或 20 人，那你的团队就已经死亡了"。如果单元的规模过大，则会导致单元内部的群体动力学作用变得更为复杂，易出现价值观的冲突，还可能产生成员的机会主义行为。随着规模的增大，成员之间的沟通与合作变得更加困难，任务及其界限变得模糊，从而导致任务效率的降低和组织成本的上升。

有关团队规模的社会系统研究发现[27]：小团队能使成员感受到从属于团队的亲切感和归属感，成员们希望与他人和谐相处，小团队表现出更多的满意度，并有更多的个性化的讨论，他们倾向于非正式形式，对团队领导者的要求很少；而大团队则与此相反，表现出更多的不和谐与成员间的冲突，大团队的任务更趋专门化，更多的是集权而不是员工参与，致使成员的满意度降低，也无法产生对团队的亲切感和归属感，因此成员的稳定性亦较低。由此可见，单元规模影响的重要性。

6. 具有稳定性，在组织结构发生变动时，可保持其原有形态

稳定性意味着 OOU 具有较长的生命周期，是其作为组织系统再设计与重构的基本单元，以及基于 OOU 的整体组织具有长生命的前提条件。

OOU 稳定性的基础是组织任务的稳定性。如前所述，任务是由企业的业务及其过程的分解而界定的。一般而言，企业的业务是变动的，但由业务所分解的基本业务单元及其核心作业则是相对稳定的。这是 STS 学派在早期研究中就已注意到的事实。Kast 曾经指出："当变革发生时，组织实现其转换过程所必需的基本职能或作业系统基本仍将保持不变"[26]。从更一般的观点看，这也是所有复杂适应系统（CAS）所共有的普遍特征[67,68]。此外，OOU 的稳定性还源于小规模团队成员的稳定性。

7. 具有自学习、自适应、自进化等生态演进的特征

跨功能的人员构成，高度和谐的人际直接交流，面向任务的自治小规模设计，个人发展与工作满意所形成的强激励等，使 OOU 成为最佳的学习型组织单元和最具创造力的组织单元，是组织中最具活力的学习与创新主体[27]。通过学习获得适应环境变化与自身发展的知识、能力与技巧，而使 OOU 具有自学习、自适应、自进化等生态演进的特征，这一特征使 OOU 在保持其结构稳定性的同时，其运行又具有很高的柔性、敏捷性和适应能力，能够在运行时通过学习实现自身的快速进化。

8. 是组织价值、知识与核心能力的基本载体

如前所述，单元的小规模及成员地位平等有助于产生团队精神[61]，管理当局也较容易传播它的新价值观[28]，因此具有高度认同的价值观；跨功能、小规模的自治结构，使 OOU 成为最具创造力的组织单元，因此也成为最具创造力的组织设计[27,128-131]；同时也使 OOU 成为最佳的学习型组织单元，特别是隐性知识学习的最佳形式[25]。而组织的文化与价值观、组织的隐性知识正是组织核心能力的体现。因此，OOU 是组织价值、知识与核心能力的基本载体，这一特征使 OOU 在组织的动态重构中承担着组织生态演进"遗传基因"的角色，使组织具有了多生命周期的特征。

9. 是网络化组织集成的基本单元，并具有可快速重构的特征

组织系统集成的基础不再是成员个体，而是 OOU。在现代网络化组织中，OOU 构成组织网络的各个节点，这些节点以长期与短期契约相联结，形成网络化组织。组织的再设计与重构只需根据机遇、能力与业务的变动对单元进行重新整合，快速组成新的项目团队或过程团队，重构过程可能只是更换原团队中的某个或几个 OOU 即可，从而降低了组织的重构成本，提高了组织的敏捷性与适应能力。基于 OOU 的网络化组织集成与重构，反映了制造模式与组织结构设计的新趋势，为 AMM 的实现提供了组织设计的基础，并克服了完全网络化组织的局限。图 4-2 给出了由 OOU 集成为业务团队的内部结构，它解决了团队的内部构造问题，并大大简化了网络联系渠道。

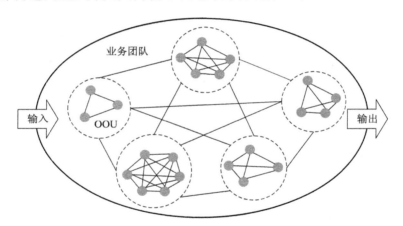

图 4-2 由 OOU 集成为业务团队的内部结构

10. 可实现优化设计与运行控制，从而达成最佳的运行效率

在计量技术、人力与组织成本的基础上，可以通过建立其最优化模型实现 OOU 的优化设计。OOU 的最优是由上述特征综合决定的，面向任务、自治、成员拥有多种技能、地位平等与小规模等特征，是其实现最优的结构基础；OOU 所具有的稳定性，自学习、自适应、自进化，可快速重构特征，以及它所体现的组织价值、知识与核心能力，则是其最优行为的保障，从而使 OOU 不仅可达成最佳的运行效率，而且可以实现单元自身的最优发展与进化[132]。

总之，在 OOU 的上述特性中，特性 1 至 5 为其主要的结构特性，其中面向任务与最小规模是 OOU 不同于一般自治团队的关键结构特性；特性 6 至 10 为 OOU 主要的功能与行为特性，同时也反映了 OOU 的主要优点。

4.2　最优组织单元的优化建模

在组织理论与制造模式研究中，关于组织结构的建模研究并不多见，且多为定性模型。如 McDermott 提出一种双节点组织模型，将多功能组织与 COP(Communities of Practice)联系起来，并使它们可以相互学习[133]；Forrester 等人建立了一个基于团队组织业绩的模型[134]，还有 Randolph 所建立的技术与组织单元匹配的 12 维模型等[135]，这些模型均为定性描述模型，主要用于描述分析团队结构的概念、特征及优势等。组织科学高度的复杂性与不精确性，为其量化建模带来了极大的困难。本节在对问题提出简化假设的前提下，通过对技术、人力、组织成本的量化，并将技术系统与社会系统的相互作用转化为约束条件，构建了最优组织单元(OOU)的数学规划模型，其主要目的在于将 OOU 的概念模型化。

4.2.1　假设条件与组织成本的计量

制造组织是一个社会技术系统，对 OOU 的建模需要从技术的、经济的、社会的视角进行分析。下面提出一个 OOU 最优规划模型，该模型基于以下假设：

（1）单元最优以技术、人力与组织条件约束下的运行成本最小来衡量。

（2）任务可以再细分成若干个作业，人员技能具有一专多能。

（3）单元的运行成本仅包括与技术、人力和组织相关的费用。

（4）组织成本与参加作业的人次成正比。

（5）社会系统因素的影响可用单元的成员数约束来间接反映。

依据上述假设，单元的技术、人力、组织与总运行成本可计算如下：

技术成本：设 T_{ik} 为作业 i 使用技术（设备、工具）k 的时间标准，c_k 为技术 k 单位时间的技术成本，y_{ik} 为 $0-1$ 变量（作业 i 使用技术 k 时为 1，否则为 0），则单元的技术成本 C_t 为

$$C_t = \sum_{i=1}^{M} \sum_{k=1}^{T} c_k T_{ik} y_{ik} \qquad (4-1)$$

式中：M 为任务中包含的作业数；T 为备选的技术种类数。

人力成本：设 L_{ij} 为作业 i 使用人员 j 的劳动量，w_j 为人员 j 单位时间的人力成本，x_{ij} 为 $0-1$ 变量（作业 i 使用人员 j 时为 1，否则为 0），则单元的人力成本 C_h 为

$$C_h = \sum_{i=1}^{M} \sum_{j=1}^{N} w_j L_{ij} x_{ij} \qquad (4-2)$$

式中：N 为备选的人员数。

组织成本：设 g 为参加作业人次的平均组织成本，则单元的组织成本 C_g 为

$$C_g = g \sum_{i=1}^{M} \sum_{j=1}^{N} x_{ij} \qquad (4-3)$$

单元总运行成本：为单元的技术成本、人力成本与组织成本之和，即单元总运行成本 C_o 为

$$C_o = C_t + C_h + C_g \qquad (4-4)$$

4.2.2　最优组织单元的优化模型

依据上述假设条件和对单元组织成本的计算，可构建如下最优化模型。

目标函数：

$$\min C_o = \sum_{i=1}^{M} \sum_{k=1}^{T} c_k T_{ik} y_{ik} + \sum_{i=1}^{M} \sum_{j=1}^{N} w_j L_{ij} x_{ij} + g \sum_{i=1}^{M} \sum_{j=1}^{N} x_{ij} \qquad (4-5)$$

约束条件：

（1）技术资源约束：

$$\sum_{i=1}^{M} T_{ik} y_{ik} \leqslant T_k \qquad (4-6)$$

式中：T_k 为技术 k 的最大可使用时间。

（2）人力资源约束：

$$\sum_{i=1}^{M} L_{ji} x_{ij} \leqslant L_j \tag{4-7}$$

式中：L_j 为人员 j 的最大可投入劳动量。

（3）人员替代约束：

$$x_{ia} + x_{lb} = 1 \tag{4-8}$$

式中，人员 a 与人员 b 具有相同的技能，任务中使用人员 a，则不使用人员 b，反之亦然。

（4）技术互补约束：

$$y_{ic} = y_{md} \tag{4-9}$$

式中，技术 c 与技术 d 是必须配合使用的互补技术，使用技术 c 则必须使用技术 d，反之亦然。

（5）技术依赖约束：

$$y_{ie} \leqslant x_{nf} \tag{4-10}$$

式中，技术 e 只有人员 f 掌握，因此，若使用技术 e，必使用人员 f。反之，使用人员 f，则不一定使用技术 e。

（6）单元规模约束（社会系统约束）：

$$\sum_{j=1}^{N} x_{ij} \leqslant N_s \qquad (i = 1, 2, \cdots, M) \tag{4-11}$$

式中：N_s 为由社会系统因素决定的单元最大人数。单元规模约束实际上反映了社会系统因素的约束。按照社会技术系统学派的观点，技术系统与社会系统是相互影响的，但社会系统有其独立的要求，根据相关研究小型团队的规模以不超过 $10 \sim 12$ 人为宜[27]。

（7）0-1约束：

$$x_{ij}, \ y_{ik} = 0, \ 1 \tag{4-12}$$

4.2.3　建模的意义与求解问题

建立该模型的意义主要在于将 OOU 的概念模型化，从而为先进制造系统组织结构的集成设计建立理论基础。由于模型是建立在上述假设基础之上的，未能包括单元最优的所有影响因素，特别是社会心理因素的影响，所以，该模型不可能是一个精确的应用模型。考虑到组织科学的复杂性与不精确性特征，运用数学模型精确求解 OOU 是困难的。此外，按照社会技术系统学派的思想，在面向具体任务时，如无法满足单元规模约束，即在式(4-11)的约束下，目标函数式(4-5)无可行解，则应在技术允许的条件下，重新调整任务的分解，或适当松弛式(4-11)约束，因此，OOU 应是技术系统与社会系统协调的结果。

4.3　最优组织单元的社会技术系统并行设计方法

　　组织设计是社会技术系统(STS)理论与方法研究及应用的主要领域，在此领域所发展的社会技术系统设计方法亦是组织设计的基本方法。"一个从社会技术观点考虑的、尽力从组织的社会和技术两方面来改进组织的变革，将创造出一个既能使生产率更高而又能使成员更为满意的工作系统"[26]。新型的高性能组织必须根据 STS 原则进行设计。所谓高性能组织，就是由小的企业家群体组成的结构化组织，每个人只控制经营过程的一个阶段，将上下游关系当作顾客关系来处理[61]。Cherns 于 1976 年提出了社会技术系统设计的基本原则，并于 1987 年架构了社会技术方法的理论框架。1981 年 STS 学派的创立者 Trist 又提出社会技术系统方法，代表了工作和组织设计方法范式转变的观点[65, 136]。

　　STS 设计方法的基本思想就是在设计或重组组织系统时，不仅要考虑组织系统的技术因素，还要考虑组织的社会系统因素，即同时从技术系统与社会系统的二维度出发，对组织系统进行设计或重组，以实现组织系统的最优化。STS 方法应用于整体组织系统的设计将在第五章中讨论，本节主要探讨 OOU 的 STS 并行设计问题。

4.3.1　OOU 设计的原则

　　OOU 设计的目标是使其具有作为一体化网络组织基本结构单元的目标特性，设计的基本方法则是社会技术系统的设计方法。OOU 的概念是建立在综合吸收工作设计理论、团队理论等多领域研究成果的基础上的，亦即工作设计理论、团队理论等构成了 OOU 设计重要的理论基础。此外，最优化的思想亦是 OOU 主要的理论基础之一。所以，OOU 的 STS 并行设计应遵循以下五个基本原则。

1. STS 系统原则

STS 学派的主要贡献是在工作设计与组织设计领域，STS 方法构成了组织系统中单元设计、团队设计与组织设计的基本方法，而且几乎是唯一科学的方法[26]。传统的组织设计是将组织的两个分系统——技术系统与社会系统分割开来孤立地进行设计，或只重视其中的一个分系统的要求，而忽视其中另一个分系统的要求。这种设计固然可简化组织的设计，但它是以设计的失败或组织性能的降低为代价的。高性能的新型组织必须采用 STS 的原则进行设计[61]，必须运用并行设计的方法将组织设计中涉及的技术、社会因素等变量作并行的选择与设计，实现其中技术、社会变量的最优匹配与协调，才能保证所设计组织系统的高性能。

2. 组织单元原则

OOU 的设计目标是使其具有作为一体化网络组织基本结构单元所应具有的结构、功能与行为特性，即应满足面向任务建立、具有自治权、成员具备多种技能、成员地位平等、最小规模等结构特性的要求，同时还要满足具有稳定性、生态化演进、组织生命基本载体、可快速重构、最佳的运行效率等功能与行为特性的要求。这些特性要求构成了 OOU 设计最重要的原则。

3. 工作设计原则

工作设计的理论与方法是 OOU 设计的重要基础之一。为了满足工作特性的假设，学者们对工作设计的指导原则进行了大量的研究，提出了一系列工作设计的原则。如 Emery 等人提出的原则包括[138]：工作包括的作业种类要适度；工作应相对完整；工作周期长短要适度；应允许工人自行制定数量、质量标准，并应得到结果的反馈；工作中应适当包括辅助性或准备性作业；工作内容应包括必要的注意力、技能、知识或努力，并因此而受到尊重；应使工人能感受他们的工作对产品效能的贡献；在联合、高度紧张或最终贡献不易察觉等作业中，应设法使工作连锁或岗位轮换，并应组成团队等。有关工作设计原则的研究尽管目前还不太成熟，但在设计实践中却产生了巨大的影响。

4. 团队设计原则

在结构上，OOU 是一种小规模团队，同时 OOU 又是业务团队的组成单元，团队设计的理论与方法是 OOU 设计的重要基础之一。团队设计的主要原则包括[61]：面向过程或项目组建，其任务为整体任务；团队规模不能太大；功能有冗余，以保证柔性；强调多种技能的需要，成员应成为多面手而不是专家；拥有决策权限，具有控制关键偏差的技能、信息、权限和责任，且支持功能亦可委托给业务团队；团队是一个学习系统；成员具有合作精神，团队成员必须共享知识和信息；功能部门的角色由执行转为支持，管理者的角色变成了教练和协助者，除高层的计划活动，其他内部控制所必需的活动委派给团队；团队成为组织的构建模块；运用信息技术获取、处理与分享信息等。

5. 集成优化原则

集成优化是 OOU 的主要思想之一。所谓集成优化，在结构上体现为由最优组织单元（OOU）集成为最优业务团队，由最优业务团队集成为最优一体化网络结构；在设计和运行中，要实现各种设计要素整体的、并行的优化处理，包括技术因素与社会因素的最优协调、动态性与稳定性的最佳平衡、最优的组织效率与最大的员工满意等。在理论上，可以通过建立 OOU、业务团队、组织的优化数学模型来实现优化设计。

4.3.2　OOU 设计的程序

从 STS 的观点看，组织设计过程就是将组织中的技术和社会因素整合起来进行系统设计的复杂过程。它同时考虑组织的技术系统与社会系统要求。亦即，在组织设计过程中，应当让社会系统和技术系统进行充分的整合，达到互相匹配，从而获得组织集成的最佳效果。反之，如果在组织设计过程中，技术系统设计和社会系统设计相脱节或只重视一方面而忽略另一方面，都只能导致失败的命运[139]。

OOU 的社会技术系统(STS)并行设计的过程如图 4-3 所示。该并行设计模式将技术系统设计、社会系统设计与 OOU 整体设计按照分析、设计、评价与运行四个系统开发阶段平行交叉进行，以实现技术因素与社会因素、人因与工作的互相适应和最优匹配。

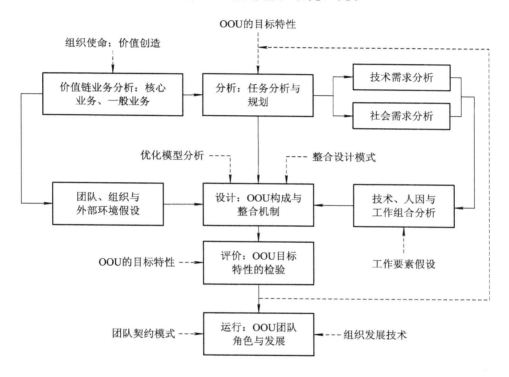

图 4-3　OOU 的设计流程

（1）分析阶段。从组织的使命与战略出发，分析企业经营领域的价值链业务流程，界定企业的基本业务及其流程，进而按照 OOU 目标属性的要求，进行任务的分析与规划，并分析确定任务对相应技术系统与社会系统的需求。

（2）设计阶段。按照 STS 的组织设计思想，影响组织设计的基本因素包括技术、社会与环境三方面。同时，STS 强调技术、社会因素的相互作用与相互适应。因此，设计阶段的主要任务是在前阶段技术需求与社会需求分析的基础上，结合企业的技术、人力资源状况与工作设计的基本原则，进行技术、人因与工作的组合分析和匹配；同时考虑团队、组织与外部环境的假设，运用优化模型与整合设计模式，确定 OOU 的构成与整合机制。

（3）评价阶段。该阶段的主要任务是检验所设计的 OOU 是否满足其作为一体化网络组织基本单元所应具备的目标特性。如果 OOU 不满足其所应具备的目标特性，则应返回上一阶段，重新进行任务的分析与规划。

（4）运行阶段。作为一体化网络组织的基本结构单元，运行阶段的主要任务是根据团队契约模式实现自身的角色定位；通过制定发展规划并运用组织发展（OD）技术实现自身的发展。当团队或网络结构发生变动时，进行 OOU 角色的重新定位，必要时对 OOU 进行再设计或重构。

在 OOU 的 STS 并行设计过程中，必须注意相关设计要素的特点对 OOU 作为一个社会技术系统性能的影响。具体包括：

• 人在社会技术系统中的作用。随着制造系统自动化程度的提高，更多的人由操作机器的生产实体转向了监视和调整过程的变化控制器的作用。作为变化控制器的人与作为生产实体的人之间的区分的重要性在于，它确定了工作分配的主要标准，给出了工作本身的准确概念。

• 任务界限的性质。描述任务界限的性质，对社会技术系统的成败有重大的作用[48]。它可以避免忽视任务特有的技术、地点、时间等环境因素，有利于界定某项任务与其他任务的相互关系。此外，有助于选择最适宜的管理结构来监督任务的执行。

• 团队自治的程度。自治权源于管理层的授权，不同程度的自治要求管理层必须向团队提供相应的政策与资源，同时确定团队必须遵守的技术、地点、时间等约束条件。在内部工作设计上，不需要对其进行详细的工作设计，而只需要一些最低限度的关键说明即可。

4.3.3 OOU 设计的方法

从 STS 的观点看，任何制造系统都包含两个基本的分系统，即技术系统和伴随着技术系统的社会系统，两者既相对独立，又相互影响与相互制约。在组织与组织单元设计中，如果只考虑使其中一个系统达到最优，则可能会使组织最终所获得的总效能降低。因此，OOU 的设计必须采用技术、社会系统并行设计的方法。而 STS 并行设计是一项复杂的系统工程活动，除了要考虑其中的技术因素外，还要考虑组织中的社会因素（主要是人的价值观与行为因素）。OOU 的设计必须将两者进行组合分析、匹配协调与优化整合。

OOU 的 STS 并行设计方法是将 OOU 设计的各设计阶段与各设计功能平行交叉进行，以实现 OOU 结构中技术系统因素与社会系统因素的优化协调[65]，从而保证 OOU 具有其目标特性。OOU 的 STS 并行设计如图 4－4 所示。

设计阶段	技术系统设计		社会系统设计		OOU整体设计	
系统运行	运行维护与技术变革	技术系统的稳定与创新	学习与主导价值观的社会化	社会化进程	OOU组织发展规划	OOU组织发展与变革
系统评价	技术系统的柔性与适应性	适应性技术或系统重构	价值观的一致性	适应性文化或重新定位	是否满足OOU的目标特性需求	OOU设计或重新设计
系统设计	适应性技术的选择与系统开发	适应性技术系统	开发团队理念与行为规范	团队理念与行为规范	技术、人因的组合优化与整合机制	OOU关键工作说明、成员关系模式
系统分析	技术需求与技术资源状况	技术与流程结构	社会需求与人力资源状况	成员构成及其行为属性要求	团队、组织环境与OOU的特性需求	OOU的目标特性
	任务	结果	任务	结果	任务	结果
	技术系统设计		社会系统设计		OOU整体设计	

设计功能

图 4－4　OOU 的 STS 并行设计

与传统的组织系统设计一样，OOU 的 STS 并行设计要经历系统分析、系统设计、系统评价和系统运行四个阶段，其功能包括技术系统设计、社会系统设计、OOU 整体设计三个方面。设计功能的交叉整合就是要在 OOU 设计的各个阶段，实现技术系统设计、社会系统设计、OOU 整体设计三项设计功能之间的整合。而设计阶段的交叉整合就是在实现各个设计功能整合的同时，实现设计过程的整合，并考虑 OOU 全生命周期的因素。设计阶段的交叉整合着眼于 OOU 设计的各个阶段之间的协调，而设计功能的交叉整合则着眼于通过各个设计功能之间的整合来实现 OOU 的最优化。

1. 系统分析

（1）技术系统分析：在任务分析与规划的基础上进一步分析任务的技术需求、企业的技术资源状况与技术发展的未来趋势，明确任务的技术与流程结构。

（2）社会系统分析：在任务分析与规划的基础上进一步分析任务的社会需求，企业的人力资源状况、社会文化环境及其变化趋势，明确执行任务的人员结构及其行为属性要求。

（3）OOU 整体分析：在技术系统与社会系统分析的基础上考虑团队、组织与外部环境的影响和 OOU 的目标特性，对技术与社会系统因素进行组合分析，明确面向具体任务的 OOU 的目标特性。

2. 系统设计

（1）技术系统设计：考虑社会系统的需求，选择适应性技术并进行系统的开发，形成 OOU 适应性技术系统的设计。

（2）社会系统设计：考虑技术系统的特点，开发 OOU 的团队理念与行为规范，形成 OOU 的团队理念与行为规范的设计。

（3）OOU 整体设计：在技术系统与社会系统初步设计的基础上对 OOU 的技术、人因进行组合优化设计与整合机制设计，给出 OOU 的关键工作说明与成员关系模式的描述。

3. 系统评价

（1）技术系统评价：着重评价 OOU 技术系统的柔性与适应性，如与社会系统的要求相冲突，则应寻求技术系统重构的可能性。

（2）社会系统评价：着重评价 OOU 社会系统的价值观与技术特点的一致性，如与技术系统的要求相冲突，则应寻求价值观的重新定位或社会系统的重新设计。

（3）OOU 整体评价：着重评价 OOU 是否满足其目标特性的要求，以及是否与其所在团队、组织与外部环境相适应，如无法满足要求，则应重新进行单元的分析与设计。

4. 系统运行

（1）技术系统运行：主要是技术系统运行的维护，并适应技术的发展与社会系统的变化推行技术系统的变革，保持技术系统处于适度的稳定与创新状态。

（2）社会系统运行：主要是伴随着技术系统的变革与社会文化环境的变化，通过组织学习和主导价值观的社会化，不断促进 OOU 的社会化进程。

（3）OOU 整体运行：主要是制定与实施 OOU 的组织发展规划，实现 OOU 的整体发展与变革。

OOU 的 STS 并行设计就其使能技术而言，除了 STS 技术、OOU 优化技术外，主要是已发展的相关技术的综合运用，包括组织设计技术、组织发展（OD）技术、组织变革管理技术、团队建设技术、工作设计技术、行为技术、评价技术等。

4.4　本章小结

本章主要对基于 OOU 的一体化网络组织集成设计的基本单元——最优组织单元（OOU）的概念、特性、优化模型与设计方法等进行了系统的研究。

首先，从 AMM 的实现、组织变革的趋势出发，提出了 OOU 的定义，并对其结构、功能与行为特性进行了分析与阐述。作为一种新的组织结构单元，OOU 具有以下特性：面向任务建立；具有自治权；成员具备多种技能；成员地位平等；最小规模；具有稳定性，在组织结构发生变动时，可保持其原有形态；具有自学习、自适应、自进化等生态演进的特征；是组织价值、知识与核心能力的基本载体；是网络化组织集成的基本单元，并具有可快速重构的特征；可实现优化设计与运行控制，从而达成最佳的运行效率。

其次，通过对技术、人力、组织成本的量化，并将技术系统与社会系统的影响与相互作用转化为约束条件，构建了 OOU 的最优化数学模型，从而实现了 OOU 概念的模型化，为基于 OOU 的一体化网络组织集成设计建立了理论基础。

第三，提出了 OOU 的设计原则、设计程序与 STS 并行设计方法。该设计方法强调面向 OOU 的生命周期需求和 STS 理念的运用，将 OOU 设计的各设计阶段与各设计功能平行交叉进行，以实现 OOU 结构中技术系统因素与社会系统因素的优化协调。

本章的研究工作是基于 OOU 的一体化网络组织集成设计的基础。

第五章

基于最优组织单元的一体化网络组织模式

本章首先通过分析组织内部和外部的动态团队与永久团队的行为特点，对基于 OOU 的组织内部网络化集成与外部网络化集成问题进行研究；然后对基于 OOU 的内外一体化网络组织集成设计问题进行研究，提出其分析框架、设计原理与结构特点，从而形成一种新的组织设计模式；最后针对该模式的理论应用，对多生命周期组织的概念与设计原理进行探讨。

5.1　动态团队、永久团队与制造组织的内部集成

埃尔文·格罗赫拉指出：组织的基本问题是要根据所确定的目标来认识其对系统各因素及其相互关系提出的要求，并选择与之适应的控制形式，或者说结构形式[140]。动态团队、永久团队的出现是制造组织的重大创新，本节通过两者的对比分析，探讨一种新的以动态团队、永久团队为结构主体的组织内部集成模式。

5.1.1　动态团队分析

在知识经济与市场全球化的环境下，企业运作的规范化和敏捷化能力是企业在激烈的市场竞争中得以生存与发展的两个相辅相成的方面。为了适应市场的瞬息万变，一种灵活敏捷的动态团队（Dynamic Team）组织模式逐步兴起并得到发展。它打破了企业传统的组织模式与管理机制，并对其提出了新的挑战。

　　动态团队是企业利用各部门的资源,将不同部门的技术、人员优势整合在一起,组成一个有限的、超越部门限制的、协同作战的项目团队。它随着项目的始终而聚散,在组织结构上不设置固定的和正式的组织单元,而代之以一些临时性的、以项目为导向的团队式组织。其柔性化使一个组织的资源得到充分利用,增强了企业对环境动态变化的适应能力[141]。该结构具有较强的弹性,属于动态组织结构。团队的成员来自于企业的不同部门或不同的企业和机构,而且其中的任何一个成员都有可能担当不同的角色,同时参与多个团队的工作。在现实的企业运营中,矩阵结构是动态团队或项目团队的主要形式。

　　矩阵结构(Matrix Structure)是在原有的以职能为基础的垂直指挥系统的基础上,建立一个以项目为基础的水平指挥系统,两者合成一个矩阵型结构。矩阵结构与传统的简单结构(Simple Structure)、功能结构(Functional Structure)、事业部结构(Multidivisional Structure)不同,它以两种形式的水平差异化为基础[55]。在设计上,垂直方向的活动被聚集为功能,如工程、营销、财务及研究发展等。此外,附加于垂直形态的是以产品或项目的差异化为基础的水平形态。二者共同组成项目及功能间一个复杂网络的报告关系。这种结构也采用一种不寻常的垂直差异化,整体结构是扁平的,层级很少。

　　矩阵结构首先由高科技产业公司发展而来。这些公司在不确定和竞争的环境中开发革命性的新产品,并将产品开发速度列为重要的考虑。他们需要一个可以反映这一需求的结构,但功能性结构太无弹性,无法容许复杂的角色及符合新产品开发需求所必需的工作互动。同时,公司的成员在自治、弹性的工作条件下会表现得更为尽责、更加专业化,矩阵结构为此提供了条件。

　　项目团队由来自不同职能部门的员工组成,他们负责以团队的方式应对并解决共有的问题。典型的做法是,团队成员仍然向他们所在的职能部门汇报工作,但是他们也向团队汇报工作,某一位团队成员可能是领导[27]。现在,动态团队已成为几乎所有高科技企业组织的必要组成部分。在产品、市场完全动态的环境下,即企业的全部业务为项目型业务时,一些公司的组织结构设计是完全建立在动态团队基础上的。

　　动态团队结构是有机的,它既能够保证稳定的发展,又能够保证组

织内部的变化和创新,对企业的发展有着不可替代的作用:

(1)在现行项目完成及新项目产生时,需要来自不同功能的专家,当需求形态改变时,团队成员可移至其他需要服务的项目,动态结构使得成员技能得到最大运用。

(2)动态团队需要监督者对直接阶层的最小控制,团队成员能够控制他们自己的行为,参与项目团队,从与其他成员的合作中彼此相互学习。

(3)动态团队所给予的自由,不仅提供自主权以激励成员,并且使高层管理者将注意力集中于企业的策略性议题。

(4)在矩阵结构中,每一位员工都由不同的上司来评估他的业绩,评估的结果也会更加全面。

综上所述,对快速回应竞争所需的弹性创造而言,动态团队结构是一个优良的设计。

然而,动态团队在提高企业对市场与产品变化应变能力的同时,也存在着一些弊端:首先,矩阵结构所花费的官僚成本比其他功能结构的高,成员倾向于高技能,因此薪资及管理费用均很高;其次,成员在不同团队中不断移动及融合,浪费了大量的时间;再次,矩阵结构中的双上司成员的角色在平衡项目与功能的利益上是很难管理的,必须小心避免功能与项目在资源上的冲突;最后,组织的规模越大,工作及角色的关系就变得越复杂,动态团队的运作也越困难。

5.1.2　永久团队分析

虽然动态团队非常有效,但当它作为一种临时性的存在解散后,团队在执行项目过程中形成的关于过程的知识就会丢失。传统上,组织通过编制过程文件使成员在后继团队中轮转,或分派关键雇员在涉及同一过程的多个项目团队中工作,以克服这一不足。为了强调在过程整合和过程学习中所要求的知识,一些组织开始在原有的职能结构上创建永久性的团队结构。

永久团队(Permanent Team)结构是为了实现某一共同目标而由相互协作的个体所组建的面向过程的、跨功能的组织结构。团队以一项特定的任务为使命,如开发一项新事业时,由管理者从各职能部门抽调各种专家，如市场、生产、工程专家等，组成永久性的跨功能团队[142]。虽然有些团队成员可能是临时的，但就团队组织本身而言，它是一种长期性的结构设计。该结构相对稳定，属于静态组织结构。常见的永久团队包括研发、制造、营销等各种类型的团队。由美国 Chrysler 公司率先在汽车制造业中引入的产品团队结构，是近年来永久团队的一种重要的结构创新。

产品团队结构（Product-team Structure）如同矩阵结构一样，工作活动是遵循产品或项目线而区分的，但成员并非暂时性地指派至不同项目，而是由功能专家组成永久性的跨功能团队。团队成员来自不同的职能领域，具有不同的专业背景与技能，承担业务流程某一阶段的工作，工作中注重横向沟通和信息共享，并且职权被下放到组织的较低层次，一线员工经常被赋予自行决断和行动的自由。团队成员可能分担领导工作或者轮流担任团队领导。产品团队结构具有与矩阵结构相类似的优点，而且相对更容易运作，费用也远低于矩阵结构，因此被许多公司所成功采用，如 Chrysler、Lexmark 等公司都成功地转变为产品团队结构，降低了成本，加速了产品开发周期[27]。

当前，组织结构演变的一个重要趋势是将整个组织建立在团队结构基础之上，形成基于团队的组织结构（Team-based Structure）。在基于团队的组织结构中，整个组织由团队组成，团队负责协调他们自己的工作，并直接和顾客一起工作，以完成组织的目标[27]。推动该趋势的动因是，强调面向业务（项目或过程）理念的确立，以及加强横向协调，弥补事业部或职能结构的不足，充分发挥企业分划的功能。

我们可以看出，在永久团队结构中：① 工作活动是按照产品或项目线来区分的，由此减少了官僚成本，提高了管理当局监督、控制制造过程的能力；② 功能专家并非暂时性地指派至不同项目，而是被安置在永久性的跨功能团队内，所有功能从开始就直接投入，使得伴随协调其活动所花费的成本低于矩阵结构，且其工作报告的关系迅速改变；③ 跨功能团队在产品开发之初即已形成，因此许多困难可在其主要的重新设计问题产生前就予以消除，设计成本及其后的制造成本均可保持较低的费用；④ 当职权被分散至团队时，决策可以较快地制定，因此使用永久团队结构可加速创新及顾客回应。

团队结构的局限在于它的规模。如果团队的规模过大，它的某些优点（如灵活性和成员的责任感）会减弱，缺点（如缺乏明确性、信息交流不畅等）会增强，使得团队难以驾驭。另外，由于团队自由程度较高，要求的自律性也比较高，但是团队成员常常忽略这方面，导致团队的失败率居高不下。

5.1.3　动态团队与永久团队的比较

动态团队与永久团队是两种新的结构，共同的特点是两者都采用跨功能团队（Cross-function Teams）结构，团队成员来自不同的部门，有明确的目标，通过合作及知识信息共享，迅速适应市场竞争的变化，最终共同完成任务。

动态团队是短期动态存在的，其结构弹性好，员工流动频繁，成员同时受两位上司领导，自治权通常较低，运作复杂且成本较高，知识延续性差，产品创新及顾客反馈速度慢。

永久团队是长期静态存在的，其结构弹性较差，成员相对固定，成员多数只对功能上司负责，自治权较高[27]，运作相对容易且成本较低，知识信息能得以很好的延续，产品创新及顾客反馈速度快。

应注意的是，人们会认为动态团队的产品创新速度应当比永久团队的快，但是正如我们前边提到的，由于动态团队在建成初期需要来自不同部门的成员相互融合，这一过程会浪费大量的时间及成本，使得产品创新的效率降低。而永久团队因为拥有相对稳定的结构及延续的知识，使得新加入的成员也能够较快地进入自己的角色，从而加快产品创新的速度。

动态团队与永久团队在多个维度上存在的差异见表 5-1[143]。

表 5-1　动态团队与永久团队的差异

团队属性	动态团队	永久团队
结构弹性	好	差
运作难易程度	复杂	较容易
团队自治权	低	高
管理方式	多有职能上司和项目上司	自我管理

续表

团队属性	动态团队	永久团队
知识的延续性	差	好
员工流动性	强	弱
成员角色	双上司成员	多数只对功能上司负责
监督、控制工作过程的能力	弱	强
运作成本	高	低
存在时间	短期、动态	长期、静态
产品创新速度	慢	快
顾客反馈速度	慢	快

5.1.4　制造组织内部的网络化集成

在制造组织日趋敏捷化、智能化、网络化、虚拟化的情况下，动态团队和永久团队结构中所存在的许多弊端使其不能适应市场的快速变化和顾客需求的个性化、多样化等环境。Savage 在其所著的《第五代管理》一书中指出[144]，集成不仅仅是一个技术手段，集成正在影响着组织的根本结构。他指出，如果公司希望能够更加迅速、灵活地应付复杂的不断变化的全球市场，就必须集成；如果公司希望不同的职能部门能够更好地并行工作，就必须在企业内部单元集成和联网；而如果公司希望管理好供应商、合伙人及顾客之间的多种战略联盟，集成和网络是其前提条件。在此，本书关注的是如何把动态团队和永久团队结构的优点有机集成起来，形成组织内部的网络化结构。

1. 基于 OOU 的组织内部网络化集成

组织内部网络化集成设计的基本原理是，以创造顾客价值为目标，面向经营业务过程与项目，以任务为基础、以机遇或能力为导向的组织集成设计。该设计的结构形态是以最优组织单元(OOU)为基础，以业务团队(动态团队与永久团队)为结构主体，以各种契约为整合机制，形成网络化的制造组织结构。这是不同于传统组织设计的新的设计模式，即基于 OOU 的网络化组织设计模式。

组织内部的网络化集成在结构上包括三个基本层次：OOU、业务团队、管理协调中心。

OOU 是面向任务建立的、具有最小规模和最佳运行效率的自治团队。它是制造组织网络化集成的基本单位。如前所述，OOU 具有一般团队所不具备或不能充分体现的、新的结构与行为特征，OOU 的设计是组织网络化集成的基础。

业务团队由两个或两个以上的 OOU 构成，拥有完成某一业务所需的完整功能。它不仅拥有从研发到生产及销售各个所需的功能环节，而且还包括许多质量控制、维修和自我监督等自主协调管理功能。业务团队的基本形式在组织内部主要有项目团队（Program Team）和过程团队（Process Team）两种。其中，项目团队执行的是相对短期的业务，具有动态特征；过程团队执行的是长期业务，具有稳定的性质。团队是面向完整业务而建立的，是网络化组织结构的主体。在设计上，项目团队是依据机遇的动态设计，过程团队是依据能力的永久性设计。

管理协调中心是整个组织的灵魂与神经中枢，负责组织结构的重构与组织过程的协调。与传统组织所不同的是其角色发生了转换，它与业务团队及 OOU 的关系不再是行政命令的关系，而代之以协商或交易的契约关系。

整体组织的集成是由 OOU 整合为业务团队，由业务团队再整合为组织系统。在整合机制上，该设计模式综合运用权威、市场或半市场化等手段。因为组织、市场及其中间组织的本质都是契约，因而，以长期或短期契约为纽带可实现组织内部的网络化整合。

在该设计模式中，组织内部网络化集成的典型形式如图 5-1 所示。

该设计模式的主要流程包括：在价值链核心业务识别的基础上进行任务的分析规划与 OOU 设计、整合机制的设计；在机遇与能力分析识别的基础上进行业务团队的设计与组织系统的整合设计。在组织的动态重组中，一般不需要进行 OOU 的重新设计，只需根据机遇、能力与业务的变动，对单元进行重新整合。这样，不仅能集动态团队和永久团队的优势于一身，同时又可以克服动态团队结构因人员快速流动所造成的高官僚成本，以及永久团队结构所缺乏的弹性和灵活性等。

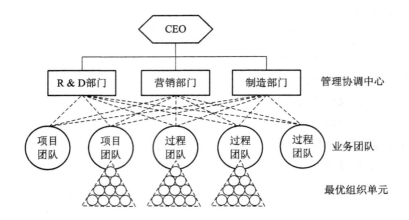

图 5-1 基于最优组织单元的组织内部结构

2. 基于 OOU 的组织内部网络化集成的特点

在结构上，基于 OOU 的网络化组织集成具有以下主要特点：

（1）组织设计强调从单元开始，而非从个体岗位开始。设计中的任务分割到组织单元而非到每个个体岗位，并将 OOU 作为构建组织的基本构成要素或模块。

（2）机遇、能力导向，而非传统的功能导向。价值链中的业务包括了短期与长期两种类型，短期或项目型业务产生于市场机遇或由市场机遇派生出的内部机遇；而长期或过程型业务则强调的是相应的业务能力。

（3）组织的整合机制从契约出发，而非从权威出发。权威是建立在契约基础之上的，但建立在契约基础之上的整合机制并非只有权威一种选择。从契约出发则会导致权威、市场、半市场等多种整合机制的选择，形成组织内外一体化的整合机制。

（4）吸收了 STS 学派的观点，考虑了技术系统与社会系统的相互作用，从而可实现技术系统与社会系统的协调优化。

基于 OOU 的网络化组织系统集成设计发展了团队组织的思想，改变了传统的从个体岗位开始设计组织的模式，该设计具有如下优点：

（1）反映了 AMM 与组织变革实践发展的新趋势[7]，为 AMM 及其系统具有的自组织、分散性、虚拟性与网络性等特征提供了组织实现形式。

（2）组织结构建立于自治单元与团队基础之上，同时结构层次大大缩减，克服了传统科层组织的种种弊端，亦使管理控制更富弹性，为效率的提高与组织的发展奠定了基础。

（3）OOU 的柔性及建立在 OOU 基础上的业务团队所具有的可动态重组的特征，使得整个组织系统可以快速做出调整，提高了组织对环境变化的反应速度。同时，OOU 所具有的相对稳定性又可克服一般动态结构的缺点。

（4）组织层级的减少与委托代理关系的简化，大大降低了组织成本；技术系统与社会系统的最佳协调、成员个人发展及自治所产生的激励，使人力资源得到更充分的运用等，可极大地提高组织的效率。

（5）工作多样化与丰富化，学习、自治、参与、合作的组织环境，促进了组织与成员的发展。

（6）由于单元是面向任务组建的，单元及由单元所构成的团队，目标明确，绩效易于考评。此外，自治单元与团队的自我控制减轻了管理系统控制工作的压力等，可极大地提高管理系统的效率。

5.2　动态联盟、战略联盟与制造组织的外部集成

动态联盟、战略联盟作为新的现代组织形式，逐渐成为现代企业提高市场竞争力的有效途径，其发展被誉为 20 世纪最重要的组织创新。本节通过对两者的分析，探讨一种以动态联盟、战略联盟为主要结构形式的组织外部集成设计问题。

5.2.1　动态联盟分析

1. 动态联盟的概念与特征

1）概念

1991 年，Roger 和 Dove 等在《21 世纪制造企业战略》的报告中，富有创造性地提出了动态联盟（Dynamic Alliance，DA）的构想。文中将 DA 定义为"是由两个或两个以上的成员公司组成的一种有时限的、暂时的、非固定化的相互依赖、信任、合作的组织，以便以最少的投资、最快的反应速度（或最短的反应时间）对市场机遇做出快速反应。这是几乎

完全不同于工业经济时代的组织模式，是适应知识经济的到来而发展起来的组织形态。"有些文献将 DA 又称为虚拟企业[145]。目前，关于 DA 尚无统一的定义，但众多文献对其典型组织特性的认定则是基本一致的[2]。因此，DA 是由具有价值链不同环节核心能力的独立厂商，为适应环境变化、把握市场机遇、实现成本分担及资源和能力的共享，以知识、项目、产品为中心，以契约为基础，以网络为依托，所构建的不具有独立企业形态却实现了特定企业功能的动态企业联合体。

2）特征

DA 的主要特征体现为以下几点：

（1）面向市场机遇。DA 是以某一机遇产品与技术为核心的合作联盟，强调对机遇反应的敏捷性。

（2）基于短期契约。DA 是建立在短期合作契约的基础之上的，随项目而产生，任务完成后即解散。

（3）优势资源的集成。联盟成员在 DA 中重点发挥自身的核心能力，专注于自己最有竞争力的业务。通过网络，在盟主企业的整合下能实现整体最优。

（4）组织形态虚拟化。DA 突破空间限制和约束，高度发达的 IT 特别是网络技术是 DA 的基础。

（5）学习型组织。学习是 DA 内部取得一致性、对外取得竞争优势的最终源泉。

在结构上，DA 要求组织模式具有可重组、可重用、可扩充（RRS）的特性，能够针对不断变化的市场机遇，动态重组组织结构。DA 是敏捷制造企业的实现形式。在应用上，DA 伙伴企业合作的形式有多种，包括虚拟合作式、插入兼容式、供应链式与转包式等。

2. 动态联盟的优点与局限性

1）优点

DA 是适应市场变化而出现的，以追求集成与敏捷性为目的的，跨组织边界的动态结构形式。

DA 具有以下优点：

（1）可以迅速集成企业内部、外部资源，通过优势互补实现资源的合理配置。

（2）加快新产品开发速度，从而达到快速响应市场需求的目的，同时也降低了由于产品开发速度问题所带来的风险。

（3）在 DA 的运作过程中，各企业都会重点发挥其核心竞争力，从而增强了产品的整体竞争优势。

（4）企业专注于各自核心能力的发挥，使专业化程度大大提高，从而形成联盟整体在资金、技术和生产能力等方面的规模优势。

（5）DA 由于应用了现代 IT，能够对技术和市场的变化作出快速反应，同时其易于改变的柔性组织结构、资源的高效协调和利用以及柔性的先进制造技术（AMT），能够充分地满足消费者对产品的个性化需求。

2）局限性

DA 的局限性亦源于其动态性所带来的某些不稳定性。联盟的参与者将随着环境、市场和产品的变化而始终在动态调整，处于高度的不稳定状态。具体体现在：管理权关系不稳定，核心能力是联盟控制权的决定因素，联盟各方的核心能力随环境变化会此消彼长，使控制权的争夺不可避免，且分属不同企业文化的联盟成员在合作中难免发生价值观的碰撞，导致联盟成员难以协调一致；收益不稳定，由于环境的不确定性，合作伙伴的获利前景不明确，致使各方过于注重眼前利益；合作中的机会主义难于避免，即使承诺也难以完全兑现，因此很难使成员始终如一地保持合作热情，甚至存在合作伙伴背叛的危险；未来竞争形势难以预测，竞争对手战略的改变可能致使联盟的战略发展受到限制或被迫调整，导致联盟的不稳定性大大加强；市场与技术变化不稳定，新技术、新产业的出现，令市场的变化及发展趋势难以预测，合作伙伴对客户、市场、联盟的发展前景预测更加困难。

5.2.2 战略联盟分析

1. 战略联盟的概念与特征

1）概念

战略联盟（Strategic Alliance，SA）的概念是由 Hopland 和 Nagel 于20 世纪 90 年代提出的，随即在理论界和商业界得到普遍赞同。西方学者在各自的文献中对 SA 给出了不同的解释。Culpan 将 SA 定义为跨国公司之间为追求共同的战略目标而签订的多种合作安排协议[146]。Porter 在其《竞争优势》一书中提出："联盟是指企业之间进行长期合作，它超越了正常的市场交易但又未达到合并的程度。"在 Porter 看来，联盟无需扩大企业规模而可以扩展企业市场边界[94]。而 Teece 则认为 SA 是两个或两个以上的伙伴企业为实现资源共享、优势互补等战略目标，而进行以承诺和信任为特征的合作活动（constellation）。最近，Salahuddin 在一篇文章中指出：SA 是企业保持自身独立性的同时，为追求共同的战略目标而走在一起，合作创造更大价值的特殊关系。因此，可将 SA 定义为：SA 是指两个或两个以上具有一定优势的企业为实现自己在某个时期的战略目标，在保持自身独立性的同时，通过合作协议或股权参与方式结成长期的联合体，以达到资源互补、风险共担、利益共享的目的。

2）特征

从不同的理论出发，研究者对 SA 的形成及管理进行了分析，包括交易成本理论[147]、社会网络理论[148]、资源理论[149]、知识和组织学习理论[150]、博弈论等。

SA 具有不同于一般经济组织的特征，具体体现在以下几个方面：

（1）行为的战略性。SA 不是对短期变化做出的应急反应，而是着眼于优化企业未来竞争环境的战略行为。

（2）组织的松散性。SA 是以共同占领市场、合作开发技术等为主要目标的合作安排，其所建立的并非一定是独立的公司实体。

（3）合作的平等性。联盟成员均为独立法人实体，相互之间的往来遵循自愿互利原则，为彼此的优势互补和合作利益所驱动。

（4）范围的广泛性。SA 的伙伴不仅包括了企业，同时也包括了大学、研究机构，甚至独立代理人等，形成错综复杂的网络。联盟的目标指向也不再局限于单一产品或产品系列，而更多地集中于知识的创造。通过联盟网络分享信息，可实现能力互补，提供战略柔性，促进技术的创新。

（5）管理的复杂性。在 SA 内，企业之间常常存在既合作又竞争、各方之间管理权关系模糊、收益不平衡、企业间文化冲突、合作伙伴背叛等因素，造成 SA 具有高度的复杂性。

（6）边界的模糊性。SA 是介于市场和传统企业之间的中间组织，没有传统组织那种明晰的边界。

20 世纪 80 年代以后，市场竞争的结构发生了一个引人注目的变化，竞争对手的企业之间纷纷掀起了合作的浪潮。企业之间的 SA 无论在广度上还是在深度上都是空前的，包括许可证、合资、R&D 联盟、合作营销和双方贸易协议等[146]。从 SA 应用的业务领域看，可将 SA 概括为横向联盟与纵向联盟两类：如果双方从事的活动是同一产业中的类似活动，这种公司的联盟便是横向联盟；如果联盟双方从事的活动是同一产业中的互补性活动，它们之间的联盟便是纵向联盟。

2. 战略联盟的优点与局限性

1) 优点

SA 是以发展企业的战略能力与改善联盟共有的经营环境为目标，基于长期契约形成的企业联合体。

SA 具有如下优点：

（1）提升企业的竞争力。在单纯依靠自身能力已难掌握竞争主动权的今天，大多数企业的对策是整合外部资源并创造条件，以实现内外资源的优势相长。

（2）分担风险并获得规模和范围经济。通过建立 SA，扩大信息传递的密度与速度，以避免单个企业在研究开发中的盲目性和因孤军作战引起的重复劳动与资源浪费，从而降低风险。

（3）防止竞争过度。为避免丧失企业的未来竞争地位，避免在诸如竞争、成本、特许及贸易等方面引发纠纷，企业间通过建立 SA，加强合作，共同维护竞争秩序。

（4）挑战大企业病。SA 的经济性在于企业对自身资源配置机制的战略性革新，不涉及组织的膨胀，因而可以避免带来企业组织的过大及僵化，使企业保持灵活的经营机制，并与迅速发展的技术和市场保持同步。与此同时，SA 还可避免反垄断法对企业规模过大的制裁。

2) 局限性

SA 也有其不可避免的局限性。大多数经理认为最大问题是联盟的控制权问题。此外，还存在以下问题：

（1）联盟企业间的竞争。SA 的成员可能会在联盟涉及的领域发生直接的竞争，双方企业的战略地位在将来可能会发生巨大变化，双方所拥有的技术可能被其中一方用于私自目的。

（2）无法克服的风险。组建联盟可以分担风险但不可逾越风险，技术上的失败仍是研发联盟失败的要因之一。

（3）战略转换使联盟解体。随着时间的推移和战略环境的变化，成员的战略发生转换，联盟存在的基础发生变化。

（4）运作的有效性难以保证。选择了不善经营的经理很可能导致联盟的失败，过于相信对方处理问题的能力，其结果常常是遭遇失败，联盟往往因缺乏有力的支持而机能失调。

5.2.3　动态联盟与战略联盟的比较

以下从联盟的形成背景、特征、性质、伙伴选择与风险等方面，对 DA 与 SA 作一对比分析。

1. 联盟的形成背景

SA 和 DA 几乎同时出现在全球化、网络化和知识经济的时代背景下，但形成动机存在差异。SA 从战略角度寻求企业的长期竞争优势，DA 则是一种灵捷适应市场需求的组织变迁。

SA 的实质是为了进一步的竞争，达到为竞争而合作，靠合作来竞争的目的。其动机体现在下述几个方面：

（1）与拥有不同资源的伙伴联盟可创造出巨大的协同成果。

（2）对于固定成本巨大的产业，SA 可以分担风险及费用。

（3）提高组织的学习能力，增强内外资源的利用效率，培养核心竞争力。

（4）扩大企业规模，占领全球市场。

随着灵捷制造理念的提出，需要发挥众多特长企业的优势来敏捷地响应变化多端的市场。DA 是灵捷制造模式的组织形式，通过共享各自的优势为一个共同的目标提供模块式的服务，而同时放弃组建法律上正式的企业组织。DA 具有的柔性和敏捷性，能够从容应付不可预测的市场变化。

2. 联盟的特征

SA 合作关系的建立是基于业务需要，大部分是技术与资金联盟，表现最活跃的领域是资本或技术密集型产业；成员大多数是实力规模强大而对等的，一般是生产同种产品的竞争对手之间的合作；合作主要是在战略层，较少涉及经营层；着眼于企业的长期发展目标，企业间的关系趋向于长期性和稳定性。

DA 合作关系是基于市场机遇，一般是短期合作行为；对 IT 和通信网络高度依赖。DA 是一种跨越空间界限的组织形式，企业单元间的知识、信息交流必须依赖于强大而廉价的知识交流系统；不仅涉及战略层，而且涉及经营层，主要的运作模式是外包，然后结合各成员的核心能力整合成完整的价值链；组织形式灵活；企业间可以是相对意义上的强弱关系，一般是互补性业务企业之间的合作。

3. 联盟的准市场性质

SA 和 DA 都是典型的准市场企业。在制度安排上，SA 更接近于企业式制度安排。企业间的联结要考虑企业的长远利益且涉及核心能力间的长期合作，这种高度参与的风险较大，为避免机会主义行为，要求联盟具有较强的强制性契约特征，联结方式多为长期契约或股权参与等。

DA 的动态性特征和短期性行为决定了它在组织活动中没有 SA 那样高度的强制性，以短期契约联结方式为主，联结方式主要有许可协议、特许经营、功能性协议等。随着未来知识经济和网络经济的发展，SA 趋于松散化，DA 找到适于长期合作的伙伴后也会趋于稳定，两者的界限并不泾渭分明。

4. 联盟的伙伴选择

SA 是为获得持续竞争优势而实施的公司和事业层战略，其动机包括克服贸易壁垒、共享资源等。伙伴间经常会涉及产权的合作，因而 SA 选择合作伙伴时侧重于伙伴的战略适应性和战略目标的一致性，如提高企业技术创新能力、降低企业技术开发风险等。DA 是因临时的机遇而产生的，如多个企业为了特定的项目或产品而合作，其形成更多是基于职能层战略的考虑，因而盟主选择合作伙伴的标准首先是侧重于评价伙伴是否具有满足机遇所需的某种核心能力，其次是伙伴企业的敏捷性、合作的风险性、合作的成本等[151]。

从资源角度看，SA 和 DA 选择合作伙伴时，虽然都可能涉及与供应商、顾客或竞争对手的合作，但 SA 倾向于同种资源的合作，企业通过 SA 加强实力较强的业务环节，如企业欲建立行业标准或处在对创新能力要求很高的行业时，SA 才有意义[152]，因而 SA 也被称为强强联合；而 DA 倾向于异种资源的合作，企业通过 DA 放弃实力较弱的业务环节。

5. 联盟的风险

在伙伴选择风险上，SA 的风险主要来自于伙伴企业经营理念和战略目标的差异性[153]，DA 的风险主要来自于对伙伴企业核心能力认识的不足。SA 组建的重要动机是获得并内化企业外部那些为企业所需的资源和能力，从而降低竞争强度。而各企业在长期发展中形成的独特经营理念和战略目标，往往缺乏融通性，会给联盟成功带来较大的风险。DA 组建的重要动机是满足市场机遇，若对伙伴企业的核心能力认识不足，会使 DA 在价值链某一环节上的能力不足，从而使 DA 面临不能有效满足机遇的风险。

在关系风险上，SA 的风险主要来自于企业间的融合，而 DA 的风险主要来自于伙伴企业间的利益协调。SA 不可避免地存在联盟成员的融合矛盾，如果成员间文化差异较大，便容易产生文化摩擦与冲突，这种冲突无法协调时，就会使联盟企业蒙受损失。而 DA 缺乏有力的行政和经济控制手段，各协作企业通常只有部分目标重合，它们更易于为谋求自身利益最大化而置合作伙伴的利益于不顾。

5.2.4 制造组织的外部集成

成功组建联盟，完成组织的外部集成须经过机遇与能力识别、联盟目标确定、联盟伙伴选择、联盟契约设计、联盟组建、联盟运行与反馈等步骤。以下对其中涉及的几个重要问题作一简要讨论。

1. 机遇与能力的识别是成功联盟的前提

首先，对企业现有的内、外部环境进行分析，以便确定联盟是否必要、是否可行。对内部环境的分析是为了认识企业自己所拥有的资源、能力与不足之处，以便在联盟中进行准确的定位。外部环境是不可控的，对之进行分析是为了把握市场发展趋势，了解企业的机遇、挑战与威胁，这是建立联盟的基点和方向。

其次，组建联盟时应考虑核心能力，以及网络信息化水平、技术力量、人员素质、市场机遇等因素，其中核心能力是建立联盟的基础。从企业核心能力来说，联盟往往是改变企业某一方面的劣势或加强某一方面的优势，无论是劣势的改变还是优势的强化，都是建立在其核心能力之上的。SA是多个企业间核心能力的结合，所以没有核心能力就很难参与SA。而DA是非核心竞争力的削减，它可以是强弱组合，但是负责DA的建立和控制整个运行过程的盟主企业必须是具有核心能力的企业。

最后，当新的市场机遇出现时，企业需要对其进行分析判断，明确机遇实现的原因、目的、时间、地点、方式以及实现的可能性、风险性、经济性，通过对市场机遇给出清晰的界定与描述，才能进一步构筑实现机遇的网络组织结构，确定联盟是动态型还是战略型。

2. 联盟伙伴的选择与契约设计是决定联盟成败的关键

许多跨国公司组建联盟的实践表明，衡量一个企业能否成为合作伙伴，主要从三个方面来衡量，即著名的3C原则：

（1）该企业与本公司是否具有相容性（Compatibility）。相容性是企业组建联盟的第一个要求，因为彼此相容才能使不同的企业在一起工作，才能使彼此的差异得到缓解和缩小，联盟才可能得到巩固与发展。

（2）该企业是否具有能力（Capability）。它是指企业拥有的关键技能和隐性知识，是企业拥有的一种智力资本，是企业决策和企业创新的源泉。

（3）该企业能投入什么（Commitment）。合作伙伴具有全力以赴的精神和投入热情也是保证联盟成功的重要因素。如果想与之合作的企业具备了3C条件，那么同它合作成功的概率就比较大。

美国的尼尔·瑞克曼认为成功的伙伴关系必须具备贡献（Impact）、亲密（Intimacy）和愿景（Vision）三个必不可少的因素，否则，合作难以成功。其实，他说的贡献与上述的能力相似，亲密与相容性相似，愿景与投入相似。此外，还要考虑联盟的实际运作成本（包括联结成本）应不大于个体独立完成的全部所有活动的内部费用。如果合作是短期动态的还应遵循敏捷性原则，即要求伙伴企业对来自企业外部或伙伴之间的服务请求具有快速反应能力。

联盟的契约设计须遵从以下原则：严格界定联盟目标；为具体的联盟建立具体的结构（契约）；考虑财务方面的影响；对利益分配和公司间的交易有清楚的记录；给双方投入的资产合理定价；互惠互利，贡献与收益相符；契约中要有应付重大变化的条款及明确联盟解散的条款等。

3. 联盟运行反馈为联盟的发展提供必要条件

联盟的成功运行须考虑伙伴之间的诸多差异，比如企业文化、管理体系、信息系统和通信设施的差异等。另外，企业核心能力的集成也不可能一步到位。联盟运行过程中仍然可能存在很多问题，组织运行反馈的目的就是为了妥善解决这些问题，一般情况下，可能是选择的伙伴企业达不到联盟的要求而需进行伙伴企业的重组或重新选择，还可能是联盟的组织结构或运行模式存在缺陷而需进行调整。

5.3 基于最优组织单元的一体化网络组织集成设计模式

5.3.1 基于 OOU 的一体化网络组织集成设计的原理

基于 OOU 的一体化网络组织集成设计模式的理论基础，一是依据第三章理论分析对现代制造组织本质的界定，即组织的本质是一个基于核心能力的契约网络，是一个社会技术系统，其使命在于价值创造；二是综合社会技术系统（STS）学派与 Dimancescu 等的组织设计理论，并吸收基于单元组织、团队组织、网络组织及现代先进制造模式（AMM）的结构思想。

基于 OOU 的一体化网络组织集成设计模式可以表述为，以创造顾客价值为目标、以机遇或能力为导向，面向公司经营业务过程与项目，以任务为基础的单元化、网络化、一体化组织设计模式[154]。

该设计模式的主要流程包括：在对机遇、能力与价值链核心业务识别的基础上进行任务的分析规划与 OOU 设计及整合机制设计，进而进行业务团队的整合与组织内外的一体化整合设计，具体的设计流程见图 5 - 2。在组织的动态重构中，一般情况下并不需要进行 OOU 的重新设计，只需根据机遇、能力与业务的变动，对单元进行重新整合。

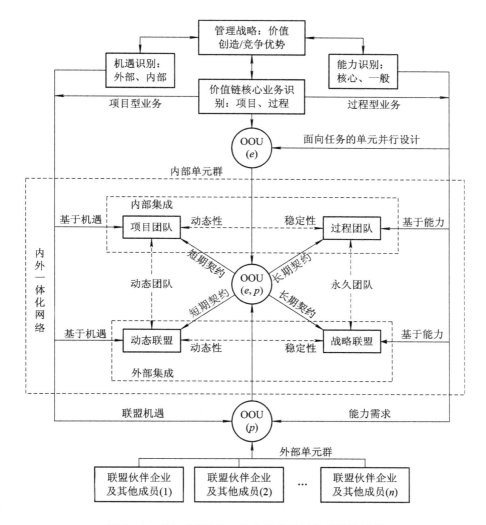

图 5-2 基于 OOU 的一体化网络组织集成设计原理

在整合机制上，该设计模式综合运用权威、市场或半市场化等手段。因为组织、市场及其中间组织的本质都是契约，因而，以长期或短期契约为纽带可实现组织内外的一体化整合。

在结构形态上，该设计模式所形成的组织结构包括三个基本层次：OOU、业务团队、管理协调中心。业务团队的基本形式有项目团队、过程团队、动态联盟和战略联盟四种。这些团队以不同性质的契约相联结，形成了以 OOU 为基础、以业务团队为主体，动态性与稳定性有机统一的内外一体化网络组织系统结构。

基于 OOU 的一体化网络组织集成设计改变了传统组织设计的模式，发展了团队组织、网络组织与基于单元组织的理念与方法，反映了 AMM 与组织变革实践发展的新趋势[7]，具有多方面的潜在优势，该模式的基本意义在于：

（1）为生物制造（BM）、分形制造（FM）、全息制造（HM）、智能制造（IM）等先进制造模式所强调的制造系统的单元性[7]，及基于单元的制造系统集成的实现提供了具体的结构形式，是先进制造系统具有自组织性、分散性、虚拟性与网络性等特征的组织实现形式。

（2）业务团队由自治的 OOU 整合而成，这种内部构造解决了一般自治团队在规模较大时出现的沟通联系渠道激增、组织协调瘫痪的问题，为团队的普遍运用奠定了基础。

（3）网络组织由自治业务团队集成，解决了完全网络化结构存在的沟通联系渠道激增、组织协调瘫痪等与一般自治团队内部结构类似的问题。

（4）整个组织结构建立在具有稳定性的 OOU 的基础上，当组织的使命与战略变化需要对组织进行再设计或重构时，只需根据机遇、能力与业务的变动将 OOU 重新整合为新的业务团队，从而实现组织的快速、低成本、低风险重构。

（5）生态化作为制造组织未来发展的必然趋势，基于 OOU 的网络化结构设计具有仿生态结构的特点，从而为组织的生态化与多生命周期设计提供了最优的结构保障。

5.3.2　基于 OOU 的一体化网络组织集成设计的特点

1. 机遇与能力导向

制造组织的价值创造包括两个基本前提：机遇与能力，经营业务的选择决定于机遇与能力的匹配。价值链中的业务包括短期与长期两种类型。短期或项目型业务产生于市场机遇或由市场机遇派生出的内部机遇；而长期或过程型业务则强调的是相应的业务能力。基于 OOU 的一体化网络组织集成设计模式，是机遇与能力导向的组织设计模式。设计建立在机遇与能力识别的基础上，并将机遇区分为内部机遇与外部机遇，将能力区分为核心能力与一般能力。这种区分可明确机遇的性质，并为一体化设计中内外资源的集成提供了依据。业务团队设计、契约机制选择与网络结构整合等均是以机遇和能力为依据的。

机遇、能力导向的组织设计改变了传统功能导向的组织设计思想，亦不同于 BPR 所倡导的按过程设计组织的思想，它是在更高层次上的系统集成，克服了 BPR 过程组织设计理论的局限；同时，它也不是单纯强调市场机遇，或核心能力的组织设计，而是注重两者的协调平衡与最佳匹配。

2. OOU 为基本结构单元

基于 OOU 的一体化网络组织集成设计模式设计的基本要素为 OOU，而非个体岗位。组织设计中的任务与权力分割到 OOU 而不是个体岗位。在组织的再设计或重构时，不需要从个体岗位开始，而只需根据机遇、能力与业务的变动，通过契约设计，将 OOU 重新整合为新的业务团队。OOU 所具有的多种优异特性，及其依据任务的技术与社会因素相互作用的 STS 优化设计，为业务团队与一体化组织的优化设计提供了基础，从而可以保证制造组织的最优效率；同时，也是整体组织具有可快速重构和多生命周期特性的基础。

3. 以团队为主体的三层网络结构形态

在结构形态上，基于 OOU 的一体化网络组织集成设计是由 OOU 集成为业务团队，由业务团队集成为管理协调中心的整体系统。其中，业务团队包括项目团队、过程团队、动态联盟与战略联盟四种类型。这些团队分别按照业务的性质，依机遇或能力而组建，它们是一体化网络组织的主体。在基于 OOU 的一体化网络组织中，OOU 中的个体、业务团队中的 OOU、管理协调中心中的业务团队，均是拥有自治权的平等主体。它们之间是一种平等协商与交易的契约关系，由此形成一体化的网络结构。该网络结构包括三个基本层次：OOU、业务团队、管理协调中心。层次的存在意味着它不是理论上的纯网络结构，它并不完全排斥纵向的职能与层级。正是因为这种分层网络结构，使得它既克服了传统科层组织的种种弊端，又避免了纯网络组织的固有局限。

4. 基于契约的内外一体化集成机制

一体化集成意味着组织与市场制度的融合和组织内外统一的整合机制。基于 OOU 的一体化网络组织集成设计模式是建立在组织与市场制度融合的基础之上的。组织与市场的融合，即所谓组织的市场化、市场的组织化是当代经济组织演化的重要趋势。该趋势是一体化网络组织研究的前提，同时基于 OOU 的一体化网络组织集成设计模式也为组织与市场制度的融合提供了实现的手段。

传统组织设计是以权威的运用为整合机制的，权威是建立在契约基础之上的，但建立在契约基础之上的整合机制并非只有权威一种选择。从契约出发则会导致权威、市场及介于两者之间的中间组织等多种整合机制的选择。基于 OOU 的一体化网络组织集成设计模式是以契约为基础，综合运用权威、市场或其中间组织等手段，形成组织内外的一体化整合机制。契约类型主要包括内部短期契约、内部长期契约、外部短期契约、外部长期契约四种。

一体化集成的关键特征是组织基础结构与行为过程中的适应性和平衡性。基于 OOU 的一体化网络组织集成设计模式是着眼于从组织活动的整个领域与组织结构的所有层次谋求建立适应与平衡的。

5. 动态性与稳定性的统一

动态性与稳定性是组织结构的基本特点，据此，人们将组织分为动态组织与稳定组织两种基本类型。针对环境变化的不同特点，两种结构各有其优缺点且不能兼顾。基于 OOU 的一体化网络组织集成设计模式实现了动态性与稳定性两者的有机统一。这首先源于动态团队与永久团队在一体化网络结构中的协调统一。在四种类型的业务团队中，项目团队与动态联盟是依据机遇（市场机遇或内部机遇）而建立的，执行的是相对短期的业务，具有动态特征；过程团队与战略联盟是依据能力（企业能力或伙伴能力）而建立的，执行的是长期业务，具有稳定的性质。其次，更根本的原因在于 OOU 所具有的兼备柔性与稳定性的特征，使得以其为单元集成的业务团队具备很强的自适应能力，进而使得动态团队具备稳定性的特征，永久团队具备动态性的特征。动态性与稳定性的统一，使得一体化网络组织同时具有敏捷性、可动态重构与多生命周期的特点。当环境稳定变化或业务变化可长期预测时，系统结构随之稳定演变发展；当环境激烈变化或业务变化不可预测时，系统结构可以快速彻底重组适应之。

5.3.3　基于 OOU 的一体化网络组织的结构形态

如前所述，基于 OOU 的一体化网络组织集成设计的结构特点是，组织系统呈以业务团队为主体的三层网络结构形态。图 5-1 给出了组织内部网络化集成设计的基本形式，它描述了一体化网络组织的三个基本层次，即 OOU、业务团队、管理协调中心。

在基于 OOU 的内外一体化网络结构中，业务团队作为网络组织的构成主体被区分为四种类型：项目团队、过程团队、动态联盟与战略联盟。但应指出的是，在基于 OOU 的一体化网络组织集成设计模式中，业务团队的概念不同于一般意义上的团队概念，主要区别有三点：① 业务团队面向完整业务而建立；② 业务团队由 OOU 集成；③ 整体组织以业务团队为主体。在基于 OOU 的内外一体化网络结构中，管理团队作为一体化网络组织的管理协调中心，是整个组织的神经中枢，它是以职能为主建立的纵向团队。管理者的角色变成了教练和协助者，除了高层计划活动，其他所有内部活动均委托给业务团队。

基于 OOU 的一体化网络组织不同于传统的纵向层级组织，其各构成主体包括 OOU 中的个体、业务团队中的 OOU、管理协调中心中的业务团队等，均是拥有自治权的平等主体。它们将业务流程中上下游主体视为自己的顾客（内部顾客与外部顾客），它们之间是一种平等协商与交易的契约关系。因此，OOU 是一种网络结构，由其集成的业务团队和由业务团队集成的管理协调中心亦为网络结构。

与一般纯网络结构所不同的是，在对外联系中，OOU、业务团队、管理协调中心均运用联络角色、整合角色或整合部门，这意味着基于 OOU 的一体化网络组织中存在着层级构造，亦即网络组织并不完全排斥纵向的职能与层级结构。网络组织中存在一定的层级结构有其合理性，即有其必然性与必要性，它既克服了纯网络组织的固有局限，又避免了传统科层组织的弊端，亦使管理控制更富弹性，为效率的提高与组织发展奠定了基础。此外，层级的存在意味着网络组织的各构成主体不拥有完全的自治权。处于不同层级的主体，或处于同一层级的不同主体之间的自治程度是有差异的。

按照集成的范围与层次，进一步可将基于 OOU 的一体化网络组织分为简单结构与复杂结构。图5-3 给出了简单结构的示意图，它是在实现组织内网络化集成的基础上，向跨组织集成扩展阶段的典型结构。其特点是单中心结构，即整个网络只有一个决策协调中心，其集成设计中多强调外部团队适应组织的内部结构。

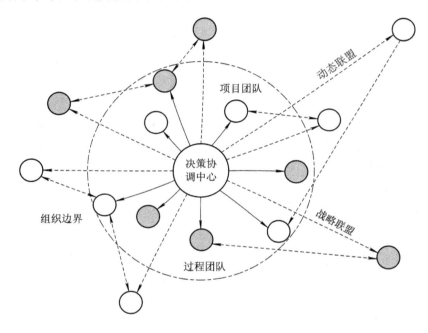

图5-3 基于 OOU 的一体化网络组织结构（管理结构）

多中心网络结构是指整体网络之中存在着次级网络与次级协调中心，如图5-4 所示。多中心网络结构是因组织与某一价值网络联盟，或出于网络分层的目的而组建形成的。多中心网络结构是大型复杂网络组织的必然选择。次级网络的协调中心扮演着与主体网络或其他次级网络的联络角色或整合部门的功能，起到了简化网络联系渠道的作用。次级网络与次协调中心的存在并未改变基于 OOU 的一体化网络组织三层基本结构的特点，其设计原理和方法与简单网络的相同，只是其运作过程的协调较复杂而已[155]。

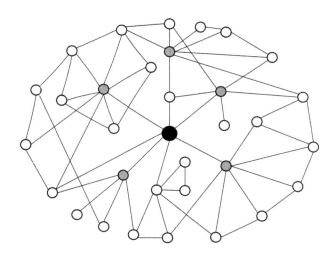

图 5-4 基于 OOU 的一体化网络组织结构(复杂结构)

5.3.4 基于 OOU 的一体化网络组织的集成机制

1. 分析的参考框架

一体化集成的设计含义包括四个方面：① 环境与战略、技术、社会等设计因素及其相互作用关系的系统协调；② 组织内外部资源的规划、配置、整合及其相应关系的统筹优化；③ 建立于组织与市场制度融合基础上的组织内外整合的统一机制；④ 动态性与稳定性等组织结构特性的有机平衡等。

本书提出了一个组织一体化集成设计的分析框架，如图 5-5 所示。该分析框架包括以下三个基本构面。

（1）集成范围：包括内部集成、外部集成、内外一体化集成三个范畴，它同时反映了一体化集成的发展阶段。内部集成反映组织内部各种因素的集成；外部集成反映与组织外部关键角色关系的集成；内外一体化集成则是通过再设计对组织内外部相互影响关系进行系统协调。

（2）结构层次：包括 OOU、业务团队、管理协调中心三个层次，它反映基于 OOU 的一体化网络组织内三个递进的层次中各主体及其关系的集成。

（3）关键特征：包括适应性与平衡性两个基本特征[157]，分别反映组织基础结构、经营过程的集成与协调程度。其中，适应性又包括相容性与协同性，平衡性又包括比例性与时间性。适应性与平衡性反映了组织一体化集成的本质。

　　集成设计必须在集成的整个范围与所有层次中寻求和建立适应与平衡。

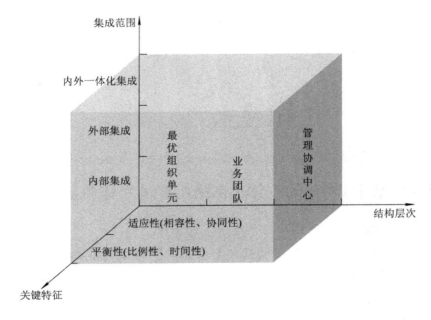

图 5-5　组织一体化集成的分析框架

2. 一体化集成的关键特征

　　如上所述，适应性与平衡性分别描述组织基础结构与经营过程的集成特性。

　　（1）适应性可由结构及其相关的控制系统与文化（即所谓基础结构）的相容性和协同性来描述。相容性是指组织某一部分基础结构的变动或调整不与其他部分相冲突；协同性则是指这种调整不仅具有相容性，而且会对其他部分与整体组织的性能起到强化的作用，从而具有协作的联合效果。适应性的内容包括价值观、权力和地位、组织政治、组织行为、控制系统与奖酬（激励）、体系以及外部环境等。

　　（2）平衡性可由战略管理、资源能力与执行活动等组织关键行为的比例与时间的匹配性来描述。比例性是组织行为的相关能力与活动的比例关系或相对重要性；时间性是各种活动在时间与速度上的衔接与匹配。

平衡性与适应性之间是一种互为因果的关系，两者共同决定一体化的本质特征。任何与外部组织契约关系的重新安排，都需要修改内部的经营结构、修改组织形式、改变活动方法、建立新的组织关系、改变优先次序。相应地，各种价值观、权力与地位、政治力量等必须取得新的平衡。只有在建立起新的内外部关系的平衡之后，才能形成协调的一体化整体。

这种直接或间接的调整是很复杂的，要实现充分一体化就必须经历一个改变态度、价值观与契约博弈的漫长过程。因此，一体化是一个漫长而复杂的过程，其设计不是一次实现的，而是一个不断地进行再设计的过程。

3. 一体化集成的范围与层次

一体化网络组织的集成设计必须在组织活动的全部领域，包括组织内部、组织外部、组织内部与外部；在结构的所有层次（包括 OOU、业务团队、管理协调中心）中寻求适应与平衡。

从集成范围看，内部集成的关键是将内部力量集成到公司的价值创造活动中去。它涉及组织设计的各个方面，如社会系统与技术系统、动态性与稳定性、组织效率与成员满意等的适应与平衡问题；外部集成涉及动态的、战略的与市场的三类关系。改变与某一机构的契约，是否与其他外部机构的契约相冲突？如何使新接管的经营部门与公司的团队和组织融为一体？涉及契约的一致、文化的融合等复杂问题。此外，一体化组织发展的一个重要的动机是资源的集成，外部资源的整合与内部资源的分配亦构成了适应与平衡的重要内容。内外一体化集成涉及内外互动关系的系统调整。与外部主体的条款必须与内部系统相适应，如为利用某一重大机遇建立动态联盟，需要进行重大内部调整。反之，内部某一功能、流程或业务单位的调整，亦会引起外部关系的变动。

从结构层次看，组织结构主要体现为结构单元的选择与契约的确定。引起一体化进程的适应与平衡，首先要求在结构的三个层次包括OOU、业务团队、管理协调中心中实现单元、团队内部及其之间各设计要素的相互适应与平衡。同时，要体现组织行为过程各影响因素之间相互适应与平衡的要求。

使各种组织设计因素相互适应、彼此平衡，才能形成一体化的网络组织。

5.4 基于最优组织单元的组织多生命周期集成设计模式

随着技术、需求的变化越来越快，特别是高技术行业，制造系统的生命周期越来越短，组织重构的频度也相应增加，重构的成本越来越高；为了适应动态变化的环境，制造系统对柔性与敏捷性的要求越来越高，传统组织设计难以适应日益快速变化的环境的需要，而制造系统的柔性及其效益在很大程度上取决于组织因素；随着绿色制造理念的确立，必然提出绿色制造系统、绿色制造组织的要求，制造的自然生态观亦必然向组织生态观延伸[7]。在此情况下，制造系统的发展及其组织变革面临的一个重要课题就是如何快速、低成本、低风险地进行组织重构，以延长组织的生命周期或促其再生进入新的生命周期循环。该课题对于成功地实现变革、保持组织的柔性与敏捷性，从而保持组织持续的竞争优势，使企业在激烈的市场竞争中立于不败之地具有重要的理论与现实意义，特别是在资产专用性提高的条件下，通过重构实现低成本、快速地再生（即多生命周期循环）具有更根本的意义。

本节主要是基于组织资源观，运用组织生态学理论、核心能力理论与社会技术系统(STS)理论探讨组织的多生命周期集成设计问题，在界定组织生命及组织多生命周期等概念的基础上，提出一种基于最优组织单元的组织多生命周期集成设计思想与方法[158]。

5.4.1 组织生命的意义与多生命周期循环

1. 组织生命的意义

随着组织生态理论的发展，国内外学者开始了对组织生命的探讨，Drucker 等人引入了"企业生命"、"竞争个性"或"创新个性"的概念[46]。此外，随着对生物基因研究的不断深化，还有人提出公司 DNA 和有机公司的概念，也有人将组织比作人类的大脑，提出企业记忆和企业智力的研究课题[88]。

组织生命的概念是建立在组织生态化或生态型组织基础之上的。生态型组织可以理解为具有自然生态系统机能的组织，其运作如同一个生命有机体。它具有快速自主学习的能力和某种程度的智慧，能通过自组织发展不同的生存能力、技巧和策略，具备对复杂环境变化的灵敏响应能力，并且实现与环境的协同进化或变异（蜕变），从而保持其持续生存发展的生命力。理想的生态型组织（组织的极终形态）是具有像自然界中的最高智慧生物——人的能力与行为特征。

社会经济组织与自然生态系统存在着质的差异，因而其生命与生命周期也有着不同的含义。那么，组织生命的真正意义是什么？什么是公司的 DNA？什么是其创新个性？回答该问题必须从组织的本质出发，组织的本质可从管理、经济及社会技术系统等理论进行分析。现代组织管理理论强调价值创造及其核心能力[110]；组织经济学强调契约关系，认为组织存在的本质是因交易成本导致的契约替代；而社会技术系统学派则注重技术因素与社会心理因素的相互影响。从其社会系统看，组织就是共同思想的化身，它建立在一套价值观和信念的基础上[61]。因此，组织的本质可归结为：组织是一个基于核心能力的契约网络，是一个社会技术系统，是群体共同价值理念的化身，其使命在于价值创造。

据此，本书认为组织生命的真正意义在于其特有的价值观与组织文化、组织化的隐性知识，以及相应的核心能力。这也就是组织的遗传基因或 DNA。

2. 组织的多生命周期循环

社会经济组织与自然生态系统的本质区别在于，组织是人造的有人系统，包含了人的价值系统及设计因素，组织及其环境的复杂性大大超越了自然生态系统，且其演化进程中的衰退并不一定必然地走向死亡[80]，它可以通过变革获得新生并向更高级的阶段进化，亦即组织可以获得多生命周期（Multi-life Cycle）的特征。

如果组织因其机体老化而严重衰退，或因其使命与战略而发生重大变化，经历整体性再设计与重构，同时，组织原有的价值、知识与核心能力得以继承或复制，使组织的适应能力、发展能力与组织绩效重新获得飞跃性的提升，则可认为组织进入了新一轮的生命周期循环。因此，识别组织的多生命周期循环有两个关键条件：

（1）组织原有的价值、知识与核心能力是否得以或在多大程度上得到继承或复制，是组织是否进入多生命周期循环的根本。

（2）组织的行为能力与绩效的飞跃性提升。这意味着经重构而进入新生命周期循环的组织，其发展超越了新建组织所必经的孕育、求生存的初创期。这是多生命周期循环组织与新建组织的基本区别，同时，该条件为识别组织的多生命周期循环提供了可观测变量。

3. 组织生命周期更替变革的时机

组织生命周期的更替意味着变革与蜕变，通常发生在业务项目的结束，或业务过程的重大变革与终止之时，而引起过程重大变化与终止的因素则可能是市场需求的重要变化、制造技术的重大创新、战略的重大调整、企业重组、社会文化因素的重大变化，以及其他环境因素带来的重大机遇与挑战等。这些都会导致组织系统的根本性再设计与重构，并导致组织进入新的生命周期循环。

由于影响组织生命周期的因素的变化具有一定的规律性，因而组织生命周期的更替也具有相应的规律性。对于制造组织而言，最具代表性的生命周期概念是需求生命周期，它为分析技术创新、产品发展、行业竞争、制造系统与组织等的生命周期提供了一个一般性的参照系。图 5-6 所描述的是在需求生命周期内，技术生命周期、组织生命周期演变与更替的典型情形。

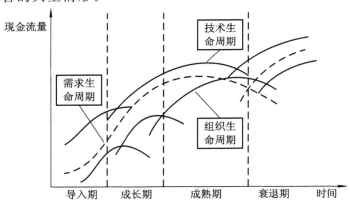

图 5-6　组织的多生命周期循环示意图

在理论上,组织生命周期正常的更替时机处于自身生命周期曲线衰退/变革期的某一时点(控制点)。在实际中,要确切识别控制点是困难的。但对组织多生命周期发展来说,衰退/变革期始终是其过程的一个关键阶段[80],它是决定组织走向衰亡还是通过蜕变获得再生的阶段。

5.4.2　OOU 与组织多生命周期的机理

实现组织多生命周期循环的关键是找到组织的遗传基因(DNA)载体或细胞。本书第四章所定义的最优组织单元(OOU)具有多种优异的特性,使 OOU 成为具备组织 DNA 载体功能的理想结构因素。如前所述,OOU 是制造组织系统集成的基本单位,它是面向任务建立的、具有自治权、可实现最佳运行效率的最小团队。它之所以能成为组织 DNA 的载体,主要源于 OOU 所具有的下述三个关键特性:

(1) OOU 具有相对稳定性,在组织结构发生变动时,可保持其原有形态。OOU 是由企业的业务及其过程所分解的任务定义的,而任务是出于相对独立性与完整性考虑,不宜进一步细分的业务单元。企业的业务是可能变动的,但由业务所分解的基本业务单元及其核心作业则是相对稳定的,即任务相对于业务而言具有相对稳定性。正如 Kast 所指出的:当变革发生时,组织实现其转换过程(制造过程)所必需的基本职能或作业系统基本仍将保持不变[26]。事实上,这也是复杂系统的一个普遍特征。它意味着 OOU 的生命周期远长于业务团队的生命周期。结构稳定性这一特征使 OOU 具备了承担组织 DNA 载体的结构条件。

(2) OOU 是组织价值、知识与核心能力的基本载体。研究表明,小规模团队是最具创造力的组织单元,因此也成为最具创造力的组织设计[27];小规模团队的成员地位平等,有助于产生团队精神[61];管理当局也较容易传播它的新价值观[28],因此具有高度认同的价值观;小规模团队是隐性知识学习的最佳形式[25]。因此,OOU 是组织价值、知识与核心能力的基本载体,这一特征使 OOU 在组织的动态重构中具备了承担组织 DNA 角色的关键功能条件。以 OOU 为基本模块的并行设计使组织具有了多生命周期的特征。

(3) OOU 具有自学习、自适应、自进化等生态演进的特征。跨功能的人员构成,高度和谐的人际直接交流,面向任务的自治小规模设计,个人发展与工作满意所形成的强激励[27]，使 OOU 成为最佳的学习型组织单元。同时，OOU 作为最具创造力的组织单元，是组织中最有活力的创新主体。因此，OOU 具有自学习、自适应、自进化等生态演进的特征。这是 OOU 具备承担组织 DNA 角色的另一重要功能条件。OOU 在保持其结构稳定性的同时，其运行又具有很高的柔性、敏捷性和适应能力，能够在运行时通过学习实现自身的快速进化。

OOU 这些生命特性的实现还与上一层次的组织系统，即业务团队的结构有着密切的关系。基于 OOU 的自治团队网络结构设计，为这些特性的实现提供了重要的环境条件。

5.4.3 基于 OOU 的多生命周期组织设计模式

1. 基于 OOU 的多生命周期组织设计的原理

基于最优组织单元的网络化组织设计，是以创造顾客价值为目标，面向经营业务过程与项目，以任务为基础、以机遇或能力为导向的组织设计方法。

在基于 OOU 的网络结构设计模式中，组织结构包括三个基本层次：OOU、业务团队、管理协调中心（在复杂网络结构中会存在多级管理协调中心）。管理协调中心为纵向结构，其职能除制定组织的战略与规则外，主要是对业务团队提供协调指导与信息服务。业务团队由 OOU 集成。OOU、业务团队内部及团队之间均为契约化的网络联系。业务团队是组织的主体，以下我们主要关心业务团队的多生命周期设计问题。图 5-7 给出了基于 OOU 的组织多生命周期设计原理。

在组织的多生命周期循环中，OOU 作为组织的基本单元，并承担着组织 DNA 的角色，其设计构成了组织多生命周期设计的关键。OOU 设计采用基于核心能力和面向任务的并行设计思想，设计时要考虑多个组织生命周期，或 OOU 自身的整个生命周期中的需要，通过设计赋予 OOU 组织 DNA 的特性。应当指出的是，OOU 所应具备的各种生命特性，非结构设计所能完全实现，还有赖于从运行中的学习与进化来获得。

当项目结束、过程的重大变革与终止，需要对组织进行根本性再设计与重构时，一般并不需要进行 OOU 的重新设计，而只需根据机遇、

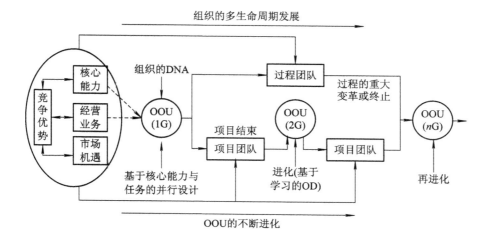

图 5-7　基于 OOU 的组织多生命周期设计原理

能力与业务的变动对单元进行重新整合，通过快速重构组成新的项目团队或过程团队。重构过程主要是根据业务需要，选择 OOU，并确定其角色定位与职责。重构过程可能只是更换原团队中的某个或几个 OOU 即可，也可能 OOU 本身就是一个独立的团队。

在此过程中，OOU 的结构是稳定不变的，以它为载体的组织价值、知识与核心能力得以继承，使组织在重构后进入新的生命周期循环。OOU 在团队运行中，通过学习实现进化，即基于学习的组织发展（OD）。随着组织的多生命周期演进，OOU 不断地获得代际进化。在 OOU 的多代进化中，可能会出现 OOU 的变异，即 OOU 的根本性变革与重构，并因此改变其进化的方向。如同生物进化中的变异一样，这种变异只发生在少数 OOU 中。

2. 基于 OOU 的多生命周期组织设计的设计流程

依据基于 OOU 的网络化结构设计模式与上述多生命周期的设计原理，并参考 Dimancescu、Tuttle 等人关于组织与虚拟组织设计过程的思想[156, 159]，本书将基于 OOU 的组织多生命周期设计的过程分为机遇与能力分析、团队设计与 OOU 选择、团队形成、运行与终止五个阶段，其流程如图 5-8 所示。

（1）分析阶段。以创造顾客价值、形成竞争优势为战略目标，进行

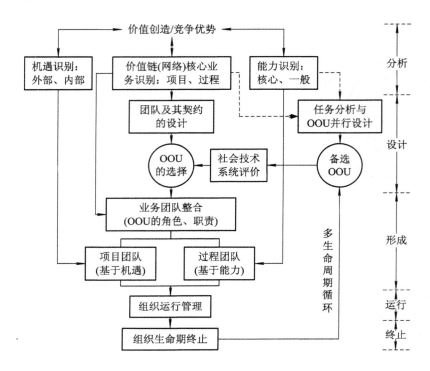

图 5-8 基于最优组织单元的多生命周期组织设计的设计流程

机遇、能力与价值链业务的分析。首先，是机遇的定义、识别与分析，包括收益与风险的评价。其次，对能力进行分析评价，包括优势与劣势的分析，以明确是否响应相关的机遇。在此基础上，对提供顾客价值的价值链及业务进行分析，以明确企业的业务。分析中需区分市场机遇与其所派生的内部机遇、核心能力与一般能力、项目型业务与过程型业务。

（2）设计阶段。该阶段包括团队及其契约的设计与 OOU 的选择。由于在组织多生命周期循环的再设计中，一般无需进行 OOU 的重新设计，只需进行业务团队的设计。团队的设计包括团队的业务定位、团队的类型（项目或过程）、规模、与其他团队的关系及相应的契约（权威、市场或内部市场化等）设计。其次，采用社会技术系统理论的评价方法，进行 OOU 的评价与选择。评价内容应包括 OOU 的技能结构、价值取向与合作态度等多个方面。

（3）形成阶段。该阶段主要是将所选择的 OOU 整合成相应的项目团队或过程团队[160]，明确 OOU 在团队中的角色、职责及团队内各

OOU 的契约关系。此外，还应制定与实施团队发展及培训规划。

（4）运行阶段。该阶段主要是业务团队的运行与管理，除要达成团队的业务目标外，还要实现团队及其 OOU 的组织发展。

（5）终止阶段。在项目完成、过程发生重大变化或终止时，项目或过程团队解体，OOU 回归备选 OOU 群，组织进入新一轮生命周期的再设计。

3. 基于 OOU 的多生命周期组织设计的优点

基于 OOU 的多生命周期组织设计模式改进了项目与制造组织设计的理论和方法，具有下述潜在的优点[161]：

（1）组织生命特性的复制与进化。以 OOU 为组织 DNA 载体，实现了生态意义上的组织生命特征的多周期循环与代际进化，为组织向学习型、生态型组织等更高形态的演进奠定了基础。

（2）实现组织资源的跨生命周期共享。特别是内化于组织肌体的无形资源，包括组织文化、隐性知识与核心能力等关键资源的跨生命周期共享，延长了组织关键资源的使用寿命。

（3）快速重构，提高了组织的柔性与敏捷性。基于 OOU 的组织多生命周期设计模式使组织具有可快速重构的特征，提高了组织的适应能力与敏捷性，实现了对市场变化的快速响应。

（4）降低了组织成本与变革的风险。建立一个结构以协调其运行具有很高的成本[55]。该设计模式下的快速重构，减少了设计及建立新结构的费用、学习与组织发展的长期投资、组织变革的社会代价及变革失败的损失，从而降低了组织重构的成本与组织变革的风险。

5.5 本章小结

本章主要是在第四章研究的基础上，融合团队与网络组织的创新实践，系统地提出了一种新的组织结构及其设计模式——基于 OOU 的一体化网络组织结构及其集成设计的理论与方法，并对其作了理论应用的探索。

首先，对现实中的项目团队、永久团队、动态联盟与战略联盟等的行为特点进行了分析，从契约（内部短期、内部长期、外部短期、外部长期）与 OOU 的视角，对以该四种团队为主体的组织内部、外部网络化集成问题进行了整合研究。

其次，提出了一种基于 OOU 的一体化网络组织结构及其集成设计的模式，给出了其集成设计的原理与特点、组织结构形态，及一体化集成分析的参考模型。该组织模式的基本特征与优点包括：机遇与能力导向；OOU 为基本结构单元；以团队为主体的三层网络结构形态；基于契约的内外一体化集成机制；动态性与稳定性的统一等。

最后，作为基于 OOU 的一体化网络组织集成设计模式的理论应用，对组织的多生命周期问题进行了探讨，提出了多生命周期组织的概念，给出了组织多生命周期循环的判别准则，并运用 OOU 的结构与行为特性解释了组织的生命特征及其代际遗传的机理，给出了多生命周期组织的设计原理与设计方法。

本章的研究工作形成了基于 OOU 的一体化网络组织结构及其集成设计的系统理论与方法。该理论与方法对长生命企业组织科学的解释能力及潜在的设计优点表明了它的科学性。

第六章
一体化网络组织的优化设计与评价模型

　　本章针对基于 OOU 的一体化网络组织集成设计中的两个关键问题——OOU 的优化选择与契约的确定，分别建立 OOU 的优化选择与契约确定的量化模型，及一体化网络组织的综合评价模型。

6.1　最优组织单元的优化选择模型

　　基于 OOU 的一体化网络组织的优化设计，除 OOU 的建模与优化设计外，包括各级集成单元的优化选择与整合契约的优化确定两方面。其中契约的优化确定将在 6.2 节中讨论，本节主要是在第五章提出的基于 OOU 的一体化网络组织集成设计原理的基础上，讨论业务团队设计中 OOU 的优化选择与建模问题。在基于 OOU 的一体化网络组织集成设计模式中，网络组织三层次集成设计的原理是相同的，因此，本节的讨论同样适用于由业务团队集成为一体化网络组织的设计。

6.1.1　OOU 优化选择的三阶段模型与 OOU 的初步筛选

1. OOU 优化选择的三阶段模型

　　业务团队是一体化网络组织的主体，OOU 的选择又是业务团队优化设计的关键，关系业务团队设计的成败。然而，OOU 的优化选择涉及大量复杂的因素，除了机遇与核心能力的匹配外，还必须考虑文化的相容性与外在条件的制约等问题，特别是在跨组织的外部团队设计时，这些问题将更为突出。OOU 的优化选择，既要考虑可以量化的影响因素，又要考虑大量难以量化的因素；既要考虑 OOU 的个体最优，又要考虑个体最优下的团队整体最优。因此，需要建立一个系统的决策模型来解决团队设计中的 OOU 优化选择问题。

在价值链网络的研究中，Talluri 和 Baker 提出了一个价值链网络合作伙伴选择的两阶段框架模型[184]，该模型主要考虑了伙伴选择过程中的定量因素。国内学者在虚拟企业合作伙伴选择的研究中[1]，将此模型扩展为三阶段模型，增加了对非定量因素的分析。借鉴这些研究，可提出业务团队设计中 OOU 优化选择的三阶段模型，如图 6-1 所示。据此，解决业务团队设计中 OOU 的优化选择问题可分为以下三个主要步骤。

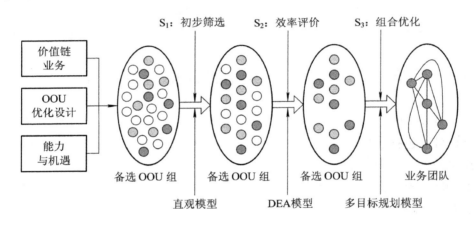

图 6-1　OOU 优化选择的三阶段模型

（1）初步筛选：主要运用直观标准，通过综合分析对潜在的备选 OOU 进行初步筛选，剔除不满足给定标准的 OOU，以降低后续定量分析的工作量。

（2）效率评价：选择一组 OOU 的输入、输出属性，运用数据包络分析（DEA）模型，对备选 OOU 进行效率评价，遴选出具有较高效率的 OOU 作为团队的备选单元组。

（3）组合优化：运用执行团队任务的 OOU 之间的一组相容性属性，建立多目标规划模型，进行组合优化分析，最终确定组成业务团队的

OOU。

在这三个阶段中：阶段 1 主要是直观分析；阶段 2、3 属于定量分析，且阶段 2 是以 OOU 个体最优为目标，主要以 OOU 内部属性为分析变量，阶段 3 是以单元最优下团队整体最优为目标，主要以团队属性（OOU 外部属性）为分析变量。

2. OOU 的初步筛选

业务团队设计中 OOU 初步筛选阶段的主要目的是剔除次优的备选 OOU，减少后续定量分析的工作量。因此，该阶段的分析主要采用一些直观标准，但这种分析应是尽可能全面的，并且是建立在充分的前期调研与信息收集基础之上的。

在基于 OOU 的一体化网络组织集成设计模式中，组织设计的基本依据是机遇、能力以及据此所界定的价值链业务的特点。就 OOU 的初步筛选而言，应考虑以下因素：

（1）业务能力的适应性，即 OOU 是否具有核心能力，其知识与技能结构是否能满足承担团队任务的需求。

（2）工作绩效的满意性，即 OOU 以往执行任务的质量、成本、速度是否达到满意的水平。

（3）行为特性的对称性，即 OOU 的组织学习、组织发展与成熟度、承诺与责任、信任与合作意愿、沟通与知识共享等行为特性与其他单元是否相匹配。

（4）团队文化的相容性，即 OOU 的目标与价值理念、行为准则与态度、工作习惯与风格等与其他单元是否相容。

（5）环境条件的可能性，即 OOU 所处的空间距离、运输、通信、社会文化背景等客观环境条件，使得合作是否可能。

上述因素可归结为两个关键的方面：OOU 的业务能力与文化的相容性，这两方面决定了 OOU 与其他单元建立合作关系的可能性。Gilbert 等人在研究 JIT 环境下的伙伴关系时提出应从五个维度来分析与选择合作伙伴[185]，包括持续时间、交互联系频率、多样性、对称性与合作关系的共同促进等。Johnson 等人的研究表明，该五维度分析框架同样适用于灵捷环境下合作伙伴的选择[186]。这些研究对于 OOU 的初步筛选同样具有参考价值。

应该注意的是，不同类型的团队（动态、永久、内部、外部等），不同性质的团队业务，以及不同的任务与技术结构等，其团队组建时对 OOU 的筛选标准与考察重点是不同的。

6.1.2 基于 DEA 分析的 OOU 效率评价

CCR 模型是数据包络分析（Data Envelopment Analysis，DEA）的技术模型之一，由 Charnes、Cooper 和 Rhodes 于 1978 年提出。CCR 模型通过将企业的一组活动（决策单元：DMU）和绩效度量值综合到一个模型中，解决同质对象之间的综合效率比较问题。在这一过程中，最关键的是确定影响每一 DMU 效率的输入、输出因素，采集每一 DMU 的各输入、输出指标值[1]。

CCR 模型所定义的 DEA 有效性有着深刻的经济含义，即在 CCR 模型之下的 DEA 有效 DMU，是表示该 DMU 处在"技术有效"和"规模有效"的最佳状态。如果一个决策单元为 DEA 有效，则它所对应的输入和输出状态为相应的多目标规划问题的帕累托（Pareto）有效解，也就是说，DEA 有效性与相应的多目标规划问题的帕累托有效解是等价的[187]。CCR 模型的相关知识参见文献[187]，此处不再赘述。

在基于 OOU 的一体化网络组织集成设计模式中，作为组织集成基本单元的 OOU 是理想的 DMU，每一 OOU 都是承担独立任务并具有自治权的主体。所有的 OOU 不论是来自组织内部或外部，它们之间均是一种平等协商与交易的关系，内部 OOU 之间是一种内部顾客之间的内部市场关系。因此，每一 OOU 均可定义与衡量其输入与输出参数，从而可运用 CCR 模型来分析其 DEA 有效性。

假设某一业务团队的过程或项目包含 n 项任务，每项任务由某一 OOU 承担，即该团队由 n 个 OOU 组成。经过阶段 1 的筛选，承担团队中每一任务的备选 OOU 的数目已大为减少。本阶段主要是运用 CCR 模型从执行每一任务的备选 OOU 组中选择出最有效率的 OOU。为此，必须首先定义 OOU 的输入与输出。

输入为 OOU 执行任务中所需投入的资源，这里选择以下三项指标：

（1）任务成本，综合反映 OOU 执行任务的资源投入。

（2）单元人数，反映 OOU 执行任务的人力投入。

（3）任务周期，反映 OOU 执行任务的时间投入。

上述三项输入的指标值一般可直接获得，其中任务成本还可用作业成本法更准确地确定。

输出为 OOU 完成任务的效果，这里选择以下三项指标：

（1）完成质量，可用完成任务的质量合格率的统计资料确定。

（2）完成时间，可用任务的按时完成率的统计资料确定。

（3）学习效果，可用平均任务成本降低率的统计资料或学习曲线（Learning Curve）确定[55]。

上述三项指标中，学习效果是一项综合指标，可综合反映组织学习、执行效率、团队发展、团队合作与文化融合的效果。

除上述一般输入、输出属性外，在实际评价中，应根据团队类型、业务性质、任务与技术结构特点，选择不同的输入、输出指标。在定义与衡量 OOU 输入、输出指标的基础上，可通过以下 CCR 模型为团队业务中的每一任务选择出相对有效的 OOU。

假设团队中执行每一任务的备选 OOU 有 k 个，每一 OOU 都有 m 项输入以及 s 项输出，且假设：

x_{ij} 表示第 j 个 OOU 的第 i 种输入的指标值，$x_{ij} > 0$；

y_{rj} 表示第 j 个 OOU 的第 r 种输出的指标值，$y_{rj} > 0$；

v_i 表示对第 i 种输入的权值，$i = 1, 2, \cdots, m$；

u_r 表示对第 r 种输出的权值，$r = 1, 2, \cdots, s$。

并记

$$\boldsymbol{x}_j = \begin{bmatrix} x_{1j} & x_{2j} & \cdots & x_{mj} \end{bmatrix}^{\mathrm{T}} \qquad (j = 1, 2, \cdots, k)$$

$$\boldsymbol{y}_j = \begin{bmatrix} y_{1j} & y_{2j} & \cdots & y_{mj} \end{bmatrix}^{\mathrm{T}} \qquad (j = 1, 2, \cdots, k)$$

$$\boldsymbol{v} = \begin{bmatrix} v_1 & v_2 & \cdots & v_m \end{bmatrix}^{\mathrm{T}}$$

$$\boldsymbol{u} = \begin{bmatrix} u_1 & u_2 & \cdots & u_m \end{bmatrix}^{\mathrm{T}}$$

则对于每一 OOU 都可定义相应的效率评价指标：

$$E_j = \frac{\sum\limits_{r=1}^{x} u_r y_{rj}}{\sum\limits_{i=1}^{m} v_i x_{ij}} = \frac{\boldsymbol{u}^{\mathrm{T}} \boldsymbol{y}_j}{\boldsymbol{v}^{\mathrm{T}} \boldsymbol{x}_j} \qquad (j = 1, 2, \cdots, k)$$

根据存在性定理[187]，一定可以找到一组最优的输入、输出权值 $v_{j_0 i}$ 和 $u_{j_0 r}$，使目标单元 j_0 的效率 E_0 最大，且此时其他单元的最大效率限制为 1。这样，就可构造出 OOU 选择中效率评价的数据包络分析模型，即

$$\max E_0 = \frac{\sum\limits_{r=1}^{s} u_{j_0 r} y_{rj_0}}{\sum\limits_{i=1}^{m} v_{j_0 i} x_{ij_0}} \qquad (6-1)$$

$$\mathrm{s.\,t.\ } E_{j_0 j} = \frac{\sum\limits_{r=1}^{s} u_{j_0 r} y_{rj}}{\sum\limits_{i=1}^{m} v_{j_0 i} x_{ij}} \leqslant 1, \ \forall j$$

$$u_{j_0 r}, \ v_{j_0 i} \geqslant 0$$

可以证明，式(6-1)的非线性规划模型等价于下列线性规划模型[187]：

$$\max E_0 = \sum\limits_{r=1}^{s} u_{j_0 r} y_{rj_0} \qquad (6-2)$$

$$\mathrm{s.\,t.\ } \sum\limits_{i=1}^{m} v_{j_0 i} x_{ij_0} = 1$$

$$\sum\limits_{r=1}^{s} u_{j_0 r} y_{rj} - \sum\limits_{i=1}^{m} v_{j_0 i} x_{ij} \leqslant 0, \ \forall j$$

$$u_{j_0 r}, \ v_{j_0 i} \geqslant 0$$

式(6-2)的最优目标函数值 E_0^* 就表示所评价的第 j_0 个备选 OOU 的相对效率。如 $E_0^* = 1$，则表示在选定的权值下，没有其他备选 OOU 比第 j_0 个 OOU 更有效；如 $E_0^* < 1$，则表示第 j_0 个 OOU 不是最有效率的，亦即在选择最有利于第 j_0 个 OOU 的权值下，至少有一个其他备选 OOU 比第 j_0 个 OOU 更有效。对每个备选 OOU 都要通过式(6-2)计算，最终可确定出相对效率为 1(或相对效率接近 1)的一组备选 OOU。

应注意的是，被评价为有效的备选 OOU，即相对效率为 1 的 OOU 还需作进一步的分析。相对效率为 1 的 OOU 不能全部被认为有效，它

们可能只是不现实的权值结构下相对效率到达 1，也可能只是在对它们少数最有利的输入、输出指标上权值过大而忽视了其他的输入、输出指标。为了考察备选 OOU 是否在总体上较优，需作进一步的交叉效率评价。

交叉效率是在其他 OOU 最有利的权值下，一个 OOU 的效率。一个 OOU 的交叉效率可定义为

$$E_{j_0 j} = \frac{\sum\limits_{r=1}^{s} u_{j_0 r} y_{rj}}{\sum\limits_{i=1}^{m} v_{j_0 i} x_{ij}} \qquad (j = 1, 2, \cdots, k) \qquad (6-3)$$

式中：$E_{j_0 j}$ 表示备选单元 j 对备选单元 j_0 的交叉效率，它是使用单元 j_0 的最优权值计算的单元 j 的效率；y_{rj} 为备选单元 j 的第 r 项输出的指标值；x_{ij} 为备选单元 j 的第 i 项输入的指标值；$u_{j_0 r}$ 为单元 j_0 分配给第 r 项输出指标的权值；$v_{j_0 i}$ 为单元 j_0 分配给第 i 项输入指标的权值。

由式（6-3）计算的交叉效率可表示为一个矩阵，处在该矩阵第 j_0 行第 j 列的元素 $E_{j_0 j}$ 就表示当备选单元 j_0 具有最优权值时，备选单元 j 的交叉效率。如果某 OOU 在交叉效率矩阵的各列均具有较高的效率，则可认为它在总体上具有有效性。

6.1.3　基于多目标规划的 OOU 组合优化

通过效率比较所选择的具有最高效率的 OOU，并不一定能保证由其所组成的业务团队也具有最高的效率。团队业务是一个整体，其各项任务之间是密切相关的。因此，组成业务团队时，执行团队各项任务的 OOU 并不是独立的，它们之间需要紧密地配合与协调。为此，必须考虑各 OOU 之间的团队合作、文化融合，以及构建团队的时间与成本等因素，特别是在构建动态联盟、战略联盟等外部团队时，这些问题将变得尤为重要。

OOU 组合优化的实质是，考虑各单元之间的相容性和协同性要求，对上一阶段选择出的执行团队业务中各项任务的备选 OOU 进行优化组合，以保证组成团队的各 OOU 从整体上也是最优的。显然，这一问题是一个多目标优化问题，故可选用多目标整数规划方法来构建 OOU 选

择的组合优化模型。

假设业务团队优化设计的总体目标是：① 团队构建的成本最小化；② 团队组建所需时间最短；③ 团队中各 OOU 的知识共享最大化；④ 团队中各 OOU 的文化融合最大化。

除此之外，还可以提出其他目标，应注意的是，团队的不同类型及其业务性质的差异对目标的选择及其重要程度有着决定性的影响。例如，对于动态团队而言，组建时间最短可能是优先考虑的目标；对于永久团队而言，知识共享则比时间因素更为重要；对于外部团队而言，文化融合是团队成败的决定性因素；而对于内部团队而言，文化融合则不是主要的问题。

依据上述目标，我们采用将多目标化为单目标的方法来构建 OOU 组合优化的多目标整数规划模型。假设目标以相关费用表示，且目标之间存在线性关系。各目标及其权值（费用转化系数）的界定如下：

（1）构建成本包括形成团队的组织成本、投入新团队的资源成本与团队中各 OOU 之间的业务交易成本等，可通过预测直接量化，其费用转化系数为 1。

（2）构建时间为从规划开始到新团队开始运作的时间，可通过估计直接量化，其费用转化系数为团队延迟运作一天的价值损失，具体可用团队的预期生命周期价值与团队的预期生命周期之比来测算。

（3）知识共享是指团队内各 OOU 之间的知识分享，可近似用各 OOU 的联络或整合角色用于与其他 OOU 沟通联络工作的总时间来间接界定[55]，其费用转化系数为联络或整合角色的人力成本。

（4）文化融合包括共享价值观、共同奋斗目标、工作风格及相互信任、持续改进（TQM）的意识等[184]，它是一种很难直接度量的因素，可用 1～10 之间的整数表示，1 表示融合程度最低，10 表示融合程度最高。其费用转化系数为团队达到最低程度文化融合时，灌输团队共有价值观、持续改进（TQM）意识、改善成员态度等团队发展（培训）计划所投入的费用，亦可用团队达到最高程度文化融合所投入费用的 1/10 来估计[1]。

假定团队业务所包括的任务为 n 项，即团队由 n 个 OOU 所组成。

经过第 2 阶段的遴选，执行各任务的备选 OOU 分别有 k_1，k_2，$\cdots$，k_n 个，则 OOU 的优化选择可通过下面的 0-1 目标规划模型得到解决。

$$\min \sum_{i=1}^{4} W_i V_i \tag{6-4}$$

$$\text{s. t.} \quad \sum_{j_1, j_2, \cdots, j_n} X_{j_1, j_2, \cdots, j_n} = 1$$

$$\sum_{j_1, j_2, \cdots, j_n} C_{j_1, j_2, \cdots, j_n} \cdot X_{j_1, j_2, \cdots, j_n} - V_1 = C_{\min}$$

$$\sum_{j_1, j_2, \cdots, j_n} T_{j_1, j_2, \cdots, j_n} \cdot X_{j_1, j_2, \cdots, j_n} - V_2 = T_{\min}$$

$$\sum_{j_1, j_2, \cdots, j_n} K_{j_1, j_2, \cdots, j_n} \cdot X_{j_1, j_2, \cdots, j_n} + V_3 = K_{\max}$$

$$\sum_{j_1, j_2, \cdots, j_n} S_{j_1, j_2, \cdots, j_n} \cdot X_{j_1, j_2, \cdots, j_n} + V_4 = S_{\max}$$

$$X_{j_1, j_2, \cdots, j_n} = 0, 1$$

$$V_1, V_2, V_3, V_4 \geqslant 0$$

式（6-4）中：W_i 为第 i 个目标（依次为构建成本、组建时间、知识共享度与文化融合度）值的费用转化系数，其中 $W_1 = 1$；V_i 为第 i 个目标值与其最优目标值的差值；$X_{j_1, j_2, \cdots, j_n} = 1$ 表示执行任务 1 的备选单元组中第 j_1（$j_1 = 1, 2, \cdots, k_1$）个 OOU 与执行任务 2 的备选单元组中第 j_2（$j_2 = 1, 2, \cdots, k_2$）个 OOU，$\cdots$，与执行任务 n 的备选单元组中第 j_n（$j_n = 1, 2, \cdots, k_n$）个 OOU 组成团队，否则不能组成团队；$C_{j_1, j_2, \cdots, j_n}$ 为 $j_1, j_2, \cdots, j_n$ 单元组成团队的构建成本；$T_{j_1, j_2, \cdots, j_n}$ 为 $j_1, j_2, \cdots, j_n$ 单元组成团队的组建时间；$K_{j_1, j_2, \cdots, j_n}$ 为 $j_1, j_2, \cdots, j_n$ 单元组成团队的知识共享度；$S_{j_1, j_2, \cdots, j_n}$ 为 $j_1, j_2, \cdots, j_n$ 单元组成团队的文化融合度（取值范围为 1～10）；$C_{\min}$ 为 OOU 各组合方案中最小的组建成本；$T_{\min}$ 为 OOU 各组合方案中最短的组建时间；$S_{\max}$ 为 OOU 各组合方案中最高的知识共享度；$H_{\max}$ 为 OOU 各组合方案中最高的文化融合度。

解上述单目标整数规划问题，若其最优解为 $X_{j_1^*, j_2^*, \cdots, j_n^*} = 1$，则组成该团队的最优单元为 $j_1^*, j_2^*, \cdots, j_n^*$ 单元。

本节提出的 OOU 优化选择的三阶段模型是一个应用模型，可直接应用于业务团队设计中 OOU 的优化选择。此外，该模型与方法同样适应于一体化网络组织集成设计中业务团队的优化选择。

6.2 团队最优契约设计的博弈分析模型

一体化网络组织的集成设计是建立在契约基础上的，最优契约设计是一体化网络组织设计的关键。本节的主要目的是在回顾相关理论与方法的基础上，运用博弈论的方法对业务团队的内部最优契约机制的设计问题进行初步探讨。

6.2.1 契约理论与团队契约的界定

契约设计的理论基础是信息经济学。信息经济学研究如何确定非对称信息下的最优契约问题，又称契约理论或机制设计理论。信息经济学的主要研究方法是博弈论。所谓非对称信息是缔约人一方拥有但另一方不拥有的信息。依据非对称信息发生的时间（缔约前、缔约后）和内容（行动、知识）的不同，信息经济学的研究内容可概括为如下模型（博弈模型）：隐藏行动的道德风险模型、隐藏信息的道德风险模型、逆向选择模型、信号传递模型与信息甄别模型等。运用博弈论研究契约问题，对现实具有很强的解释力，被广泛用于许多领域。纳什、莫里斯等五人先后于 1994 年、1996 年获诺贝尔经济学奖，他们从一个侧面反映了这种趋势。

作为信息经济学研究和应用的主要领域——现代企业理论，包括交易费用理论、委托代理理论、产权理论等，本书第三章已作了较详细的评述分析，下面仅作几点补充[188]。Williamson 认为现实中的人都是契约人，他提出了两个关于人的行为假设：① 人只具有有限理性（西蒙的观点）；② 人的动机是机会主义的。据此假设，加之客观环境的不确定性，缔约者要想签订一个包括对付未来随机事件的完全契约是不可能的。而且，仅仅相信缔约者的口头承诺是天真的，现实中的契约人随时会损人利己。Hart 认为，一个不完全契约将随着时间的推移和交易的展开而不断修正并需要重新协商。该过程会产生许多成本，即交易成本，其本质上是一种信息成本。克莱因认为，由于机会主义的存在，契约的执行可能要借助于法律或第三方的强制，但这只是一个次优的选择，重要的是要建立一种自动履约机制。在现实中，大多数契约是依靠习惯、诚信、声誉等方式完成的，诉诸法律往往是不得已的选择。委托代理关系是一种典型的契约关系，是企业组织的本质所在。委托代理问题的关键是在不确定性和不完全监督的条件下，如何构造委托人与代理人之间的契约关系，包括补偿性激励，从而为代理人提供适当的激励，促使其选择使委托人利益最大化的行动。组织设计是信息经济学应用的新领域，其核心问题是要建立一种决策权划分的制度框架，而这一问题的实质是，如何在信息成本和激励成本之间权衡的问题。

　　一体化网络组织集成设计模式是建立在市场制度与组织制度融合趋势基础之上的，它强调组织内外的一体化，淡化了组织边界的概念。但组织边界并没有消失，一体化网络组织的结构主体——四种类型业务团队的划分也是以组织边界的存在为基础的，只是其界定相对于传统组织发生了变化：组织内外的差别是网络组织成员单位之间契约形式的差异。根据组织边界（内部、外部）与团队周期（短期、长期），可将一体化网络组织中的团队契约分为四种类型：内部短期契约、内部长期契约、外部短期契约、外部长期契约，见图 6-2。由于业务团队是网络组织的结构主体，因而这四种契约也构成了一体化网络组织的基本契约。

团队周期

		短　期	长　期
组织边界	内部	内部短期契约	内部长期契约
	外部	外部短期契约	外部长期契约

图 6-2　团队契约的分类

　　由于业务团队是一个具有自治权的主体，可自行设计内部机制并制定其内部规则，所以团队面临的是一种双层契约体系：团队与企业（管理中心）之间的契约和团队内部契约。事实上，一体化网络组织的三层结构主体，均存在双层契约体系，企业（管理中心）除与业务团队之间的契约关系外，还有与企业所有者之间的契约关系；OOU 除了与团队的契约关系外，还有其内部契约关系。

　　一体化网络组织中不同层次的契约，虽然其形式不同，但其研究方法是相同的，故本节主要选择了团队内部契约的设计问题进行讨论。团队内部契约是团队内部的行为规则，用于协调团队内各 OOU 的行动，以实现团队绩效与各 OOU 效用的最大化。根据契约理论，这种契约是组成团队的各 OOU 之间的相互博弈达成的。团队内部契约的一个重要特点是，它不是一次博弈的结果，而是由各参与人之间的重复博弈形成的。不同类型的团队及其契约，博弈的形式与结果亦不同。博弈形式的差异主要体现在重复博弈的次数（有限、无限次）及所面临的信息结构（信息不完全、不对称）的不同上。此外，团队内部契约在形式上除了正式（书面）契约外，大量的则是无形的或潜在的（潜规则）。

6.2.2 博弈的战略均衡与合作机制

博弈论（Game Theory）是研究个人或组织等相互依赖的选择行为及其均衡的理论。博弈可以分为：同时博弈与顺序性博弈，一次性博弈与重复博弈，零和博弈与非零和博弈，双人博弈和 n 人博弈，合作博弈和非合作博弈等。从信息的完全性与博弈的动态性可将博弈论的典型均衡战略分为纳什均衡（Nash）、精炼均衡（Selten）、贝叶斯均衡（Harsanyi）与精炼贝叶斯均衡等。

1. 博弈论的几个定义与定理[188]

定义 1：Nash 均衡战略是参与人 i 的一种行动，它是在条件上最优的 $\{a_i^*\}$，因为在给定竞争对手的最佳回答反应 $\pi_i\{a_i^*, a_{-i}^*\}$ 条件下，参与人 i 的收益超过了在给定对手的最佳回答反应 $\pi_i\{a_i, a_{-i}^*\}$ 时任何其他行动所形成的收益，即

$$\pi_i\{a_i^*, a_{-i}^*\} > \pi_i\{a_i, a_{-i}^*\}$$

因此，Nash 均衡战略是一种决策的最优行动，在所有其他参与人作出最佳回答反应时，其收益超过了决策者从其他任何行动中得到的收益。其前提是有关收益的信息是完全的和肯定的，一方参与人的行动不能影响另一方参与人的选择。

定义 2：精炼均衡战略是在存在每个纳什均衡的动态博弈中，通过重复剔除劣战略而得到的最优选择的均衡，它遵循逆向归纳逻辑，即通过前瞻竞争对手在最终博弈中的最佳回答反应，然后逆向推理到前面决策点上的最优战略。

精炼均衡所研究的问题包括：① 完美信息博弈（有顺序性）；② "几乎完美"的信息博弈，分若干时期 $t=1，2，\cdots，T$（有限或无限），在每个时期 t，参与人同时选择行动，他们知道时期 t 到 $t-1$ 之间每个人选择过的所有行动。它与完美信息博弈的区别仅在于引入同时性。

定义 3：贝叶斯均衡战略是类型依存战略 $\{a_i^*(t_i)\}_{i=1}^n$ 的集合，使每个参与人最大化地依存于其他类型的期望效用，即给定其他参与人类型依存战略 $a_i = a_i^*(t_i)$，最大化

$$\sum_{t-1} p_i(t_{-i} \mid t_i) \pi_i(a_1^*(t_1)，\cdots，a_i，\cdots，a_n^*(t_n)，t_1，\cdots，t_i，\cdots，t_n)$$

这里假设 $a_i(t_i)$ 为参与人 i 的行动，$\pi_i(a_1，\cdots，a_n，t_1，\cdots，t_n)$ 为其事后收益。

贝叶斯均衡所研究的问题是：① 不完美或不完全信息博弈（即当一参与人不知道其他参与人事先采取的行动时，则其信息是不完美的；当一参与人不知道其他参与人的精确特征（偏好、战略空间）时，则其信息是不完全的），不完全信息博弈可以转换为不完美信息博弈；② 静态不完全信息博弈（即只涉及参与人同时行动，没有一个参与人能有机会对其他参与人的活动作出反应的博弈）。

定义 4：精炼贝叶斯均衡应满足 $a \in a^*(\mu^{\text{Bay}}(a))$ 的战略组合 a，并与一推断系统结合，该推断系统应满足 $\mu \in \mu^{\text{Bay}}(a^*(\mu))$，从而维持均衡，则最优战略应满足：① 给定推断，战略是最优的；② 推断是应用贝叶斯法则从战略和所观察到的行动中得到的。

动态不完全（或不完美）信息博弈的特征是：当一参与人对另一参与人的行动作出反应时，他可以推断其有关信息，但是这一推断过程采取了贝叶斯修正的形式，即根据假设的均衡战略和观察到的行动，修正有关行动者的特征或行动的信息。用贝叶斯概率来估计对手的类型，是避免囚犯两难的一种方法。

定理（无名氏定理）：对于任何收益结构来说，贴现率总是存在的，但它会小到足以在一个无限重复的囚犯两难中形成合作。

2. 合作博弈与非合作博弈

合作博弈中，参与人可以建立联盟、安排转移支付，并达成约束性协议；非合作博弈禁止了共谋性沟通、转移性支付安排和第三方实施的

约束性协议。非合作博弈与合作博弈的区分在于博弈双方之间有无具有约束力的协议(Binding Agreement)。非合作博弈具有更广泛的应用,因而也是博弈论研究的重点。

3. 重复博弈中的合作机制

引入重复行动、不完全信息和可信性机制可把同时博弈转换成一种顺序博弈来追求双赢的结果。

在无限次重复博弈中,起作用的是无名氏定理,但在有限次重复博弈中,合作均衡也会得到解释。要在一项重复性囚犯两难博弈中谋求相互合作可采用:① 行业标准与管制,由第三方实施,它可改变博弈规则;② 多阶段惩罚安排,被认为是对于促进合作最有效率的机制;③ 建立可信承诺与威胁的战略抵押,抵押是建立可信性的一种非契约性质的方法;④ 契约机制,即合作博弈。

在任何有限次重复的囚犯两难中,合作的前景是不容乐观的。一个重复性囚犯两难的最后一次行动与一次性行动的囚犯两难具有相同的动力。在长期相互交往中人们积极地追求自身目标,结果却常常是与对手合作。而在博弈中的参与人都能使自己更倾向于违约,但可避免陷于囚犯两难境地。

6.2.3 最优团队内部契约设计的博弈分析

以下运用博弈论来探讨一体化网络组织集成设计中团队内部契约的设计问题。作为初步的探讨,为使分析简化,这里的讨论是建立在以下假设基础之上的:

(1) OOU 从团队中获得的利益用包括经济效用和社会效用在内的总效用来表示。

(2) OOU 对团队的贡献用 OOU 在执行任务中的努力程度来表示,而努力程度可用其效率来描述。

(3) OOU 拥有特定的核心能力,因而拥有非重置性资产,团队业务对其依赖程度不仅影响 OOU 的收入分配,而且作为依赖性资产影响 OOU 的总效用。

(4) 团队内部契约形成中的博弈在长期团队中表现为无限重复博弈,在短期团队中表现为有限次重复博弈,在内部团队中表现为完全信息博弈，在外部团队中表现为不完全信息博弈。

（5）团队由两个 OOU 组成。

以下选择内部长期团队与外部短期团队的契约设计问题进行分析。

1. 内部长期团队：无限重复博弈

设一内部长期团队由 A、B 两个 OOU 组成，双方通过重复博弈确定该团队的内部契约。为此，需分别考察 A 与 B 的总效用，但在双人博弈中，仅考察 A 或者 B 就可得出对方相应的情况。

设 a 为 OOU_A 的努力水平，d 为 A 和 B 双方合作时 A 的帕累托均衡下的努力水平，则 $0 \leqslant a \leqslant d$；$R(a, b)$ 为团队的总收益，则 A 的经济收益 R_A 为 A 从总收益中获取的分配额 $F(R, a, p)$ 减去 A 的成本 $C(a)$，即

$$R_A = F(R, a, p) - C(a)$$

其中：A 所获分配额取决于该团队的总收益 R、A 的努力水平 a 和谈判能力 p，后两者直接受 A 所拥有的依赖性资产的影响；成本则包括沉入性成本与创新性成本。

U_s 为 OOU_A 的社会效用，M 为 U_s 的最大值，k 为反映社会感知参与人努力程度的敏感性的调节系数，$k \geqslant 0$，则

$$U_s = \frac{a^k}{d^k} \cdot M$$

为了研究的简便，假设一单位经济收益带来一单位经济效用，并且根据边际效用递减规律，设 $F(R, a, p)$ 和 $C(a)$ 分别为 R、a、p 或 a 的二次函数，则 OOU_A 的经济效用 $U_e = F(R, a, p) - C(a)$ 也为 R、a、p 的二次函数。假设 w 为社会效用在总效用 U 中所占的权重，则 $1 - w$ 为经济效用在总效用 U 中所占的权重。于是有

$$U = e[wU_s + (1-w)U_e]$$
$$= e\left\{w\frac{a^k}{d^k} \cdot M + (1-w)[F(R, a, p) - C(a)]\right\} \quad (6-5)$$

式中：e 为 OOU_A 的非重置性资产的影响系数，$e > 0$。当团队业务在较大程度上依赖于它时，不仅 A 的谈判能力增强，且其地位与声望提高，导致 A 的总效用提高，此时，$e > 1$；反之，当团队业务不主要依赖于它时，

它将构成 A 很大的沉入性成本，同时无助于 A 在团队中的地位与声誉的提高，此时，$e \leqslant 1$。

在重复博弈中，OOU_A 独立选择自己的努力水平，使其目标效用函数最大化：

$$\max_a U = \max_a \{e[wU_s + (1 - w)U_e]\} \qquad (6 - 6)$$

根据无限重复博弈的无名氏定理[188]，此时一定存在能使博弈双方双赢的优于 Nash 均衡的均衡结果。

由式(6 - 5)和式(6 - 6)可得目标效用最大化的一阶条件：

$$\frac{\partial F}{\partial a} + \frac{w}{1 - w} k \frac{U_s}{a} = \frac{\partial C}{\partial a} \qquad (6 - 7)$$

设业务团队的目标函数为其净收益最大化，即

$$\max_a [R(a, b) - C(a) - C(b)]$$

其一阶条件为

$$\frac{\partial R}{\partial a} = \frac{\partial C}{\partial a} \qquad (6 - 8)$$

帕累托均衡时，同时达成团队净收益最大化与各 OOU 总效用最大化，即两个一阶条件相等，则由式(6 - 7)和式(6 - 8)可知 a^* 满足：

$$\frac{\partial R}{\partial a} - \frac{\partial F}{\partial a} = \frac{w}{1 - w} k \frac{U_s}{a^*}$$

在无限重复博弈中，第 t 次博弈各方所建立的信誉必然会影响 $t + 1$ 次参加博弈的机会及行动选择，进而影响其最终得益。其目标效用函数中不仅包括一次博弈的经济利益，而且包括社会声誉。假设 a_n 为第 n 次博弈时 A 的努力水平，则有

$$\lim_{n \to \infty} a_n = a^* = d$$

即通过缔约双方不断改进自身的努力水平，从而使得自身 U 达到最大值：

$$U \mid_{a = a^*} = e\{wM + (1 - w)[F(R, a^*, p) - C(a^*)]\}$$

从以上分析可知，在无限重复博弈中，每一 OOU 都追求永续合作与发展，并且通过自身努力和与其他单元的合作，不断改善团队的业绩，并不断提高自身的得益与声誉，从而不断提升自身的效用水平。因

此，参与团队的各 OOU 的努力水平一定会达到最优。

在无限重复博弈的情况下，博弈各方会以不断地协商作为均衡结果来寻求后续合作，并持续改进这种合作，直到任一参与人 OOU 做出一次性不合作行为（即违约），这将会触发永远不合作。也就是说，一旦出现机会主义行为，要重新建立起信任的合作关系是非常困难的，至少需要付出很大的代价。

因此可以得出以下结论：在无限重复博弈的情况下，应将违约行为的预防与惩罚作为团队契约机制设计的重点，这将有助于双方的永续合作。

2. 外部短期团队：有限次重复博弈

一体化网络组织中的外部动态团队，其组成包括来自外部的跨组织 OOU，设团队由 A、B 两个 OOU 组成，其中 A 或 B 来自外部组织，它们相互之间缺乏了解，两方或其中一方不拥有对方的完全信息，同时，还有不对称信息的存在，从而导致参与人的非理性行为与机会主义行为。动态团队的合作是短期行为（短期契约），缺乏长期合作的激励，会进一步加剧这种非理性和机会主义行为。因此，外部动态团队内部契约的博弈可视为不完全信息结构下的有限次重复博弈。

在有限次重复博弈的每一次博弈（$t = 1, 2, \cdots, N$）中，各参与人，例如 OOU_B 需要依据以前博弈的信息，运用贝叶斯公式：$P(A/X) = P(A) \cdot P(X/A)/P(A)$ 推断对手 OOU_A 的类型与行为（努力程度、是否合作等）。由于除不完全信息外，还有不对称信息的存在，因此该推断过程是一个非常复杂的过程。如果 A 采取机会主义行为，B 也会采取类似的行为，由此达成的均衡（精炼贝叶斯均衡）不可能是帕累托最优均衡。

如果 A 降低其努力水平 a，则 OOU_A 自身的经济效用与社会效用：

$$U_e = R_A = F(R, a, p) - C(a)$$

$$U_s = \frac{a^k}{d^k} \cdot M$$

均会下降，因此，A 不可能实现自身总效用 U 的最大化。

同时，A 的努力水平 a 降低，或 A、B 的努力水平 a、b 同时降低，对团队而言，其目标利润函数：

$$\pi = R(a, b) - C(a) - C(b)$$

也必然降低。

此外，如果团队业务主要依赖于某一参与人 OOU 的非重置性资产，在契约谈判中，还可能出现该参与人以此对其他参与人要挟（敲竹杠）的机会主义行为。

根据有限次重复博弈中的逆向归纳法可知，有限次重复本身并不改变囚犯困境的最终结果[188]。也就是说，有限次重复博弈过程亦不可能实现最终的最优均衡。

在不完全信息、不对称信息下的有限次重复博弈中，要实现各参与人的合作，并取得满意的结果（次优均衡），必须在团队内部契约中强化合作与激励机制，包括由上级当局实施的标准与控制，对不合作的机会主义行为制定多阶段惩罚安排，建立各 OOU 之间的可信承诺与威胁的战略抵押，以及签订明确的书面协议等。

由以上分析可知，在不完全信息、不对称信息及有限次重复博弈的情况下，团队契约机制的设计应包括激励与惩罚机制两个方面，但重点应是激励机制，特别是激励相容机制的设计，即通过有效激励，促进各方文化的融合与合作的改进，协调各方的行为，以实现满意的团队绩效。

6.3　制造组织的综合评价模型

制造组织的综合评价是制造组织研究的重要课题。纵观已有的研究，大都是围绕特定组织的运作绩效进行评价，对于作为制造系统关键分系统的组织系统的综合评价则甚少涉及。本节的主要目的是构建一个制造组织的综合评价模型。由于综合评价已有较成熟的分析方法，所以该工作的关键是评价指标体系的构建。随着知识经济的崛起、IT 革命的深入与全球化趋势的发展，市场环境变化的日益复杂与新制造模式的不断涌现，使得制造组织的创新呈现出日新月异的局面。本书所研究的基于 OOU 的一体化网络组织模式正是以此为前提展开的。这里所建立的制造组织综合评价模型也是站在知识经济、全球化与组织变革趋势这一基点之上的，故而带有探索的性质。

6.3.1 组织系统评价指标体系建立的原则

评价指标体系的建立是科学评价组织系统性能的基础。指标体系是由一系列相互联系、相互制约的指标组成的科学的、完整的整体。因此，任何指标体系的设计都服务于特定的评价目的，并以一定的理论为指导，使所有的指标形成一个具有层次性和内在联系的指标系统。为此，必须以正确原则为指导。建立评价指标体系的主要原则如下[163]：

1. 科学性原则

指标体系的科学性是确保评价结果准确合理的基础。一项评价活动是否科学很大程度上依赖于其指标、标准、程序等方法是否科学。指标体系的科学性主要指以下几个方面：

（1）特征性，所选择的指标应该能反映评价对象的特征。

（2）精确性，指标的概念准确、含义清晰、不存在歧义。

（3）完备性，指标应围绕评价目的，全面反映评价对象，不能遗漏重要方面，不能有所偏颇。

（4）独立性，各指标之间不应出现内涵重叠。

2. 适用性原则

指标体系的设计应考虑到实际操作的可能性，即指标体系应适应评价的方法与信息基础。这是确保评价模型可操作性的重要基础。具体要求包括：

（1）精炼简明。指标是对原始信息的提炼和转化，故指标不宜过于繁琐，以免陷于细节而未把握住本质，从而影响评价的准确性。同时，指标的精炼可以减少评价的时间和成本，使评价活动便于操作。

（2）易于理解。指标应易于理解，以保证评价结果交流的准确和高效。

（3）可采集性。与指标相关的信息应具有可采集性，使评价建立在科学的基础上，以保证评价结果的可信度。

3. 系统性原则

从统计分析的角度出发，每个统计指标都只是反映某个侧面的内容，所以在设计时应充分考虑指标体系的全面性和系统性，以完整反映出评价对象的实际状况。

6.3.2　评价指标体系的构建

从系统观点看，制造组织系统主要由资源、结构与文化三个分系统构成，并与动态的过程系统和环境系统密切相关。其性能（以竞争优势来表征）亦主要取决于资源、结构与文化三个分系统及其相互作用。以此为基本框架，可通过分析和选择评价因素，构建出制造组织综合评价的评价因素递阶层次结构模型。

1. 竞争优势

制造组织的最终目的在于创造顾客价值，而价值创造的能力取决于企业的竞争优势或竞争力。竞争优势表现为一个企业能够比其他企业更有效地为顾客提供产品或服务，并使自身得以持续发展的能力，亦即以更优的效率、质量、速度赢得更大的顾客满意，同时，使企业获得更高的利润，实现企业的持续发展。竞争优势是制造组织的整体优势，它取决于组织资源、组织结构与组织文化的协同。

2. 组织资源

组织资源是制造组织创造价值的要素与能力。资源、资源配置与资源运用构成了企业竞争优势的基础。资源包括有形资源与无形资源，技术、知识与能力是现代制造组织的三种关键资源，可以从这三种关键资源对组织资源状况进行评价。

1）技术

技术包括技术设施与技术方法，是现代制造组织的关键性资源。现代制造技术的评价应主要考虑技术的先进性、可选择性，以及 IT 的运用。

（1）先进性。制造组织中使用的技术不仅应适应现代制造活动与 AMM 的要求，能更好地满足市场需求，同时还要满足经济尺度的要求。AMM 强调满足顾客的个性化、多样化需求。

（2）可选择性。可选择性反映制造技术适应人的因素，即技术的人性化程度，包括系统的人性化与产品的人性化[26]。技术的人性化程度与技术的可替代性有关，可替代性越高，人性化程度就越强。

（3）IT运用。IT是现代制造系统与组织的技术平台，它不仅是决定技术先进性与技术人性化的基本因素，而且可以通过制造活动及其管理的信息化极大地提高制造组织的效率。

2）知识

知识是知识经济与全球化时代制造组织最重要的资源。知识资源属于无形资源的范畴，它可以由知识资本、知识创造与知识共享三个相关要素来表征。

（1）知识资本。知识资本是指组织中资本化的知识积累或存量，亦即组织所拥有的，能为组织带来价值增值的知识性无形资产及其载体。知识资本不仅是创造价值，而且是组织核心能力的基础。

（2）知识创造。知识创造是指组织获取新知识的能力，其基本途径是组织学习。由于知识是动态的和有生命力的，所以最为关键的环节是持续不断的知识创造。

（3）知识共享。知识共享是指组织知识的扩散与运用的能力，亦即在组织中扩散新知识并将这些新知识融入到产品、服务和系统中去的能力。知识是在传播和共享中体现它的价值的，只有通过知识的扩散、整合与运用，才能实现从知识向知识资产的转化。

3）能力

能力包括制造组织拥有的有形或无形资源的能力。能力可以由核心能力构建、业务发展能力、战略变革能力、团队建设能力等关键能力来表征，其中业务发展能力反映组织的综合能力，其余三者则反映组织关键的管理能力和技巧。

（1）核心能力构建。核心能力是可使制造组织获得持续竞争优势的独特能力，其本质是组织对其拥有的资源、技能、知识的整合能力。现代制造组织的核心能力往往是以组织文化和知识创新为源泉，以技术能力为核心，通过组织战略与功能优势的整合而形成的。核心能力的构建包括核心能力的开发、维持与强化，它是组织在复杂竞争环境中求得生存发展的最重要的能力。

（2）业务发展能力。业务的发展表现为企业经营业务的扩张与效益的提高，核心能力是业务发展能力的关键部分，但业务发展能力不仅仅是核心能力，它是制造组织发展的综合能力的体现。

（3）战略变革能力。战略变革能力是指组织发动、驾驭重大战略性变革的能力。在今天"唯一不变的是变化"的时代里，战略变革是组织适应环境变化与形成竞争优势的基本途径。同时，只有战略变革才能体现企业战略和战略成功的本质[164]。

（4）团队建设能力。团队建设能力是指组织团队构建与团队发展的能力。未来的制造组织，特别是基于单元与团队的组织是以团队为主体建立起来的，团队也是最具高绩效潜力的组织形式。团队建设能力越强，组织的效率与满意度就越高。

3. 组织结构

结构是组织系统的构成要素及其相互联结的模式，它反映组织成员的角色、权威与联系形式。结构对组织的运行效率、成员满意度及其环境适应性有决定性的影响。现代制造组织的结构可从其适应性、动态性、稳定性与体制性四个方面来评价，其中前三者是环境变化对结构的基本要求，后者则是从结构的构成要素的直接考察。

1）适应性

环境、战略、技术是影响和决定组织结构的三大因素[28]，组织结构必须与环境、战略、技术这三个要素相匹配，并适应其变化。

（1）环境适应性。环境适应性是组织结构对环境的变化主动或被动的反应行为，这种行为也会对环境产生一定的影响。环境决定结构的动态性、稳定性等总体特征；环境需求决定组织功能单元的设计；环境复杂性的增加要求组织发展出更高的复杂性。环境适应性是组织生存、发展的前提与基础。

（2）战略适应性。战略决定结构，战略是结构设计的基础。组织战略发展的不同阶段要求一定的组织结构与之相匹配，战略的改变也决定组织结构的变动。结构对战略的适应性对战略的成败具有重要影响。

（3）技术适应性。技术的复杂性程度、技术发展的速度影响组织结构的复杂性，以及结构的动态性、稳定性特征。技术在制造组织作业层结构设计中起着决定性的作用。结构的技术适应性影响技术效能的发挥与技术的创新。

2）动态性

现代制造组织应具备充分的动态性来主动迎接环境变化的挑战。动态性反映组织随环境变化改变其行为或调整其结构的能力，因此，可由敏捷性与可重构性来评价。

（1）敏捷性。敏捷性是组织能快速响应市场变化（需求、技术、竞争的变化等）的能力。它是当代超竞争或基于速度的竞争条件下，组织生存能力的基本特征。它反映的不仅是企业被动适应市场变化的能力，更强调企业主动把握市场机遇的能力[165]。

（2）可重构性。可重构性是指在继承核心能力的同时，实现结构的快速、低成本变革的可能性。它是组织获得敏捷性的结构基础。它要求组织结构由具有独立功能、可重复使用的单元组成，形成开放的集成环境和体系结构。

3）稳定性

稳定性亦是组织生存的前提条件。谋求稳定性与动态性的平衡是现代组织设计的关键性课题。随着组织理论的发展，生态学理念被引用于对组织稳定性的理解，在此意义上，组织的稳定性可由其核心能力的继承性与组织生命力两个标准来衡量。

（1）核心能力的继承性。核心能力的继承性用于表征组织生命特征（DNA）的核心能力的遗传、复制或继承。其本质是组织隐性知识的记忆与共享机制。隐性知识是组织核心能力的基础。隐性知识的组织记忆与共享机制越完善，核心能力的继承性就越强[166]。

（2）组织生命力。组织生命力是指组织持续发展或长寿企业的特征。其基本途径是通过组织学习，获得成功适应环境的能力、技巧与策略，从而使组织长期生存下去。

4）体制性

集中度、正规性和复杂性这三个因素被学者们称之为组织结构尺度。

（1）集中度（Centralization）。集中度是指决策和变革行为权力的集中程度。它是由企业自身的特性与所在的行业环境内生决定的。传统理论认为权力在企业中的分布形态取决于组织所处的环境，现代观点则认为关键在于知识在组织中的分布状态。正是因为组织知识的分散性，决定了分散化成为组织变革的主要趋势。

（2）正规性（Formalization）。正规性是指组织采用规则和程序来规范行为的程度。这些程序与规则有正式与非正式之分。现代有机组织（Organic Organization）有低正规化的倾向[28]。最终的评价应是组织整合其成员力量实现组织目标的有效性。

（3）复杂性（Complexity）。复杂性是指组织分化的程度，包括组织的水平复杂性与垂直复杂性。随着组织扁平化、网络化与虚拟化趋势的发展，建立在传统组织概念基础上的结构复杂性概念正在被新的功能复杂性概念所取代，环境复杂性的增加要求组织具有更高的复杂性。

4. 组织文化

组织文化是组织成员所共有的价值观、基本信念及其表现出来的行为规范与行为方式。组织文化在现代组织活动中的重要性已被人们所普遍认同，其重要性在于它决定了组织成员的信念与期望、行为规范与行为方式，并奠定了组织的风气。

1）共有价值观

共有价值观是组织文化的核心，Goffee 和 Jones 建议采用友好性、一致性两个标准对其进行评价[114]。此外，社会化进程也是一个重要的考量标准。

（1）友好性（Sociability）。友好性是指组织成员间友好的程度，反映组织对信任、合作价值观与人际关系的态度，从而决定了组织成员相互合作的意愿。友好性在以团队为主体的组织中尤为重要。

（2）一致性（Solidarity）。一致性用来衡量组织排除个人障碍，快速、有效地推行组织共同目标的能力。其实质反映了组织目标与个人目标、组织价值观与个人价值观相协调的程度。目标与价值的协调会产生巨大的激励作用。

（3）社会化进程。社会化进程是指组织的核心价值观被组织成员认可的程度[55]。价值观的社会化是一个复杂的长期内化过程。社会化进程可以反映组织文化的特性与其功能的发挥。

2）行为规范

行为规范是组织及其成员采取的决策与行动准则，它是价值观、信念与态度的产物。机遇、创新与团队意识是现代组织文化的关键理念，而组织伦理则是组织价值观的直接体现。

（1）机遇敏感性。机遇敏感性是衡量组织捕获环境变化信号能力的指标。机遇敏感性是速度竞争环境中的新组织文化最主要的特质[169]。

（2）创新意识。创新意识是组织乐于探索与接受新事物的期望动机。创新是一个组织发展的内在源泉和不竭动力。创新精神是企业家的本质，是成功管理的灵魂，是决定组织命运的关键[167]。

（3）团队合作。团队合作是指团队成员为实现共同的目标而共享知识并协同工作的意愿。其关键在于团队成员拥有高度认同的价值观念。

（4）组织伦理。组织伦理是组织成员行为准则的规范性，即行为准则符合社会规范的程度。组织的伦理气氛对组织的管理运作、整体利益、社会形象等有巨大的影响。

3）群体动力

群体动力关注组织成员与群体的互动行为，及其对管理与绩效的影响。从系统的观点考察，可选择激励因素、组织政治和冲突管理三个方面来评价。

（1）激励因素。激励因素是指组织的报酬与奖酬体系，对成员动机的诱导作用与成员的满意感的强弱。根据 Herzberg 的研究，激励因素是与工作的挑战性、成就感、成员个人的发展机会等紧密联系在一起的。现代组织管理理念认为激励是达成组织绩效与员工满意的基本因素。

（2）组织政治。组织政治是指组织中的权力、利益集团及其相互作用对组织的影响[168]。适度的组织政治有助于解决冲突，更现实性地安排关键资源；但过强的组织政治会打破组织内部的和谐，造成协作减少和组织绩效降低[55]。

（3）冲突管理。冲突管理是指管理者为了实现组织目标而对组织冲突的消除、控制、激发和利用的过程。冲突作为一种普遍现象，它对管理决策和组织活动具有双重作用。积极的冲突有利于暴露组织中存在的问题，增强组织的活力与凝聚力，是组织创新的重要源泉。但管理者常常需要解决的是那些具有破坏性的、功能失调的冲突。

基于以上分析，可构建出制造组织综合评价的评价因素递阶层次结构模型，如图 6-3 所示。

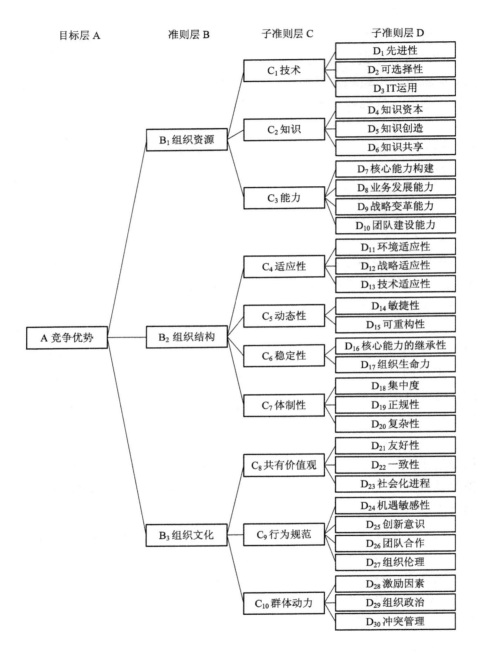

图 6-3 制造组织综合评价的评价因素递阶层次结构模型

6.3.3　评价方法

本书拟采用层次分析法（Analytical Hierarchy Process，AHP）与模糊判别法相结合的评价方法。以下首先对 AHP 与模糊判别法的原理作一简要介绍，并说明两者结合运用的思路与评价程序。

1. 层次分析法

AHP 是将一个复杂的问题分解成若干个组合因素，并将这些因素按其系统的支配关系分组形成递阶层次结构，通过两两比较的方式确定层次中诸因素的相对重要性，然后综合人们的经验判断，以决定诸因素相对重要性的权重和顺序。运用 AHP 确定各指标的权重具有很好的效果。

AHP 的基本步骤如下：

（1）建立递阶层次结构模型。递阶层次结构模型中一般包括目标层、准则层、子准则层与方案层。最高层通常只有一个因素，即决策目标。中间层次一般是准则和子准则。目标、准则、子准则之间依次存在支配或隶属关系，但上一层次的因素不一定与下一层次的每个因素间都存在支配关系。最低层次通常是备选方案，它通过子准则、准则与决策目标建立联系。

（2）构造两两判断矩阵。假定上一层次因素 C_K 对下一层次因素 A_1，A_2，$\cdots$，A_n 有支配关系，可建立以 C_K 为判别准则的因素 A_1，A_2，$\cdots$，A_n 间的两两比较判断矩阵 $\boldsymbol{A}$，矩阵 $\boldsymbol{A}$ 的形式如下：

$$
\begin{array}{c|cccccc}
C_K & A_1 & A_2 & \cdots & A_j & \cdots & A_n \\
\hline
A_1 & a_{11} & a_{12} & \cdots & a_{1j} & \cdots & a_{1n} \\
A_2 & a_{21} & a_{22} & \cdots & a_{2j} & \cdots & a_{2n} \\
\vdots & \vdots & \vdots & & \vdots & & \vdots \\
A_i & a_{i1} & a_{i2} & \cdots & a_{ij} & \cdots & a_{in} \\
\vdots & \vdots & \vdots & & \vdots & & \vdots \\
A_n & a_{n1} & a_{n2} & \cdots & a_{nj} & \cdots & a_{m}
\end{array}
$$

其中，a_{ij} 反映针对准则 C_K，因素 A_i 相对于 A_j 的重要程度。矩阵 $\boldsymbol{A}$ 是一个互反矩阵，a_{ij} 有如下性质：

$$a_{ii} = 1,\ a_{ij} = \frac{1}{a_{ji}} \quad (i = 1, 2, \cdots, n;\ j = 1, 2, \cdots, n) \quad (6-9)$$

a_{ij} 的数值通常由专家结合实际，采用 Delphi 法和 $1-9$ 标度法约定给出[170]。

（3）进行层次单排序及一致性检验。根据判断矩阵计算针对某一准则，下层各元素的相对权重，并进行一致性检验。设针对某一准则，各因素的权重向量为

$$W = (w_1, w_2, w_3, \cdots, w_n)^{\mathrm{T}} \qquad (6-10)$$

W 可以通过求解下列方程得到：

$$AW = \lambda_{\max} W \qquad (6-11)$$

式中，$\lambda_{\max}$ 是矩阵 A 的最大特征值。由于矩阵 A 的元素是通过主观判断确定的，因此 A 不一定具有规范的一致性。通常用来求 $\lambda_{\max}$ 和 W 的近似值的方法有幂乘法、几何平均法、规范列平均法（列和法）等[170]。以规范列平均法为例，步骤如下：

将 A 的元素按列归一化，即

$$\overline{a}_{ij} = \frac{a_{ij}}{\sum\limits_{k=1}^{n} a_{kj}} \qquad (j = 1, 2, \cdots, n) \qquad (6-12)$$

得到正规化判断矩阵 $\overline{A} = [\overline{a}_{ij}]_{n \times n}$。

求 $\overline{A}$ 的每行之和，有

$$\overline{w}_i = \sum\limits_{j=1}^{n} \overline{a}_{ij} \qquad (i = 1, 2, \cdots, n) \qquad (6-13)$$

再对向量 $\overline{W} = (\overline{w}_1, \overline{w}_2, \cdots, \overline{w}_n)^{\mathrm{T}}$ 进行归一化，即

$$w_i = \frac{\overline{w}_i}{\sum\limits_{j=1}^{n} \overline{w}_j} \qquad (i = 1, 2, \cdots, n) \qquad (6-14)$$

向量 $W = (w_1, w_2, \cdots, w_n)^{\mathrm{T}}$ 即为所求权重向量。

矩阵 A 的最大特征值 $\lambda_{\max}$ 可采用以下公式计算：

$$\lambda_{\max} = \frac{1}{n} \sum\limits_{i=1}^{n} \frac{(AW)_i}{w_i} \qquad (6-15)$$

虽构造判断矩阵 A 时并不要求判断具有一致性，但判断偏离一致性过大是不容许的，因此需对 A 进行一致性检验。检验时，需计算一致性指标 CI（Consistency Index），其定义为

$$CI = \frac{\lambda_{\max} - n}{n - 1} \qquad (6-16)$$

式中，n 为判断矩阵的阶数。在此基础上，计算相对一致性的指标 CR（Consistency Ratio），即

$$CR = \frac{CI}{RI} \qquad (6-17)$$

式中，RI（Random Index）为平均随机一致性指标，可通过查 RI 表求得[170]。一般而言，CR 愈小，$\boldsymbol{A}$ 的一致性愈好。通常认为 CR≤0.1 时，判断矩阵具有较好的一致性。

（4）进行层次总排序及一致性检验。在单层次排序的基础上，可计算每一层次中各因素相对于总目标的综合权重，并进行综合判断一致性检验。

设层次结构有 h 层，各层的权重向量或权重矩阵分别为 $\boldsymbol{W}^{(1)}$，$\boldsymbol{W}^{(2)}$，…，$\boldsymbol{W}^{(h)}$，则其中第 k 层因素对于总目标的综合权重向量 $\boldsymbol{W}^{\prime(k)}$ 可由下式求得：

$$\boldsymbol{W}^{\prime(k)} = \boldsymbol{W}^{(k)} \cdot \boldsymbol{W}^{(k-1)} \cdot \cdots \cdot \boldsymbol{W}^{(2)} \cdot \boldsymbol{W}^{(1)} \qquad (6-18)$$

第 h 层（最低层）因素对于总目标的综合权重向量为

$$\boldsymbol{W} = \boldsymbol{W}^{(h)} \cdot \boldsymbol{W}^{(h-1)} \cdot \cdots \cdot \boldsymbol{W}^{(2)} \cdot \boldsymbol{W}^{(1)} \qquad (6-19)$$

若第 k 层的因素数目为 n_k，$\boldsymbol{W}^{\prime(k)}$ 中的元素 $w_i^{\prime(k)}$ 为第 k 层第 i 个因素的综合权重，则总的相对一致性指标为

$$CR = \frac{\sum\limits_{k=1}^{h}\sum\limits_{i=1}^{n_k} w_i^{\prime(k)} CI_{i,k+1}}{\sum\limits_{k=1}^{h}\sum\limits_{i=1}^{n_k} w_i^{\prime(k)} RI_{i,k+1}} \qquad (6-20)$$

2. 模糊判别法

模糊判别法是运用模糊集理论对受多种因素影响的系统进行综合评价的有效方法[163]。

模糊判别法的一般步骤如下：

（1）选定评价因素集 F。F 描述系统评价的各种因素（指标、准则），记为

$$F(f_1, f_2, \cdots, f_i, \cdots, f_n) \qquad (6-21)$$

其中：f_i 为各评价因素；n 为评价因素的个数。

（2）选定评语集 V。V 描述对每一评价因素的评价尺度，记为

$$V = (v_1, v_2, \cdots, v_m) \qquad (6-22)$$

式中，m 为评价尺度的个数。

（3）找出评判矩阵 $\underset{\sim}{R}$。$\underset{\sim}{R}$ 亦称隶属度矩阵，它是一个模糊关系矩阵，记为

$$\underset{\sim}{R} = [r_{ij}]_{n \times m} \qquad (6-23)$$

式中，r_{ij} 称为隶属度，描述对 f_i 评价因素作出 v_j 评价尺度的可能性。r_{ij} 可由参加评价的专家中对 f_i 作出 v_j 评价的专家占全部参评专家人数之比来确定[170]。

（4）综合评判。确定评价因素的权重向量：

$$W = (w_1, w_2, \cdots, w_n)$$

其中，w_i 表示评价因素 f_i 在评价中所占的重要程度。W 可由经验或 AHP 法求出。在此基础上，可计算综合评价向量 $\underset{\sim}{S}$：

$$\underset{\sim}{S} = W \cdot \underset{\sim}{R} \qquad (6-24)$$

记 $\underset{\sim}{S} = (s_1, s_2, \cdots, s_m)$，如果评判结果 $\sum\limits_{j=1}^{m} s_j \neq 1$，应将它归一化。

在一般情况下，评价因素集也可以是一个多级递阶结构的集合。对于多级模型，虽然级数有多少之分，但求解方法与上述一级模型是一致的。对于上一层的某个评价因素 f_i，若其可细化为 p 个子因素，它们构成因素集合 $f_i = (f_{i1}, f_{i2}, \cdots, f_{ip})$，确定其权重向量 W_i，并建立其评判矩阵 $\underset{\sim}{R_i}$，则可计算其综合评判向量：

$$\underset{\sim}{S_i} = W_i \cdot \underset{\sim}{R_i} \qquad (i = 1, 2, \cdots, n) \qquad (6-25)$$

将每一个 f_i 作为一个评价因素，用 $\underset{\sim}{S_i}$ 作为它的单因素评判，可构成评判矩阵：

$$\underset{\sim}{R} = (\underset{\sim}{S_1}, \underset{\sim}{S_2}, \cdots, \underset{\sim}{S_n})^{\mathrm{T}} \qquad (6-26)$$

从而可得到上一级因素的综合评判向量：

$$\underset{\sim}{S} = W \cdot \underset{\sim}{R} \qquad (6-27)$$

3. 评价过程

模糊判别法自 1965 年 Zadeh 创立以来，得到了迅速发展，它为软科学提供了数学语言和工具，在各种系统评价中获得了广泛的应用。但由于在评价过程中，没有明确的指标，且综合评价中权重系数的确定往往采取直接取定法，使评价的客观性较差。美国著名运筹学家 Saaty 教授

于 20 世纪 70 年代提出的 AHP 是对非定量事件作定量分析的一种有效方法，该方法既保证了定性分析的科学性和定量分析的精确性，又保证了定性和定量两类指标综合评价的统一性。因此，本书采用将模糊判别法与 AHP 相结合的方法，用 AHP 确定各评价因素的权重（代替传统的权重直接取定法），并建立模糊综合评价的多级模型进行评判，从而使模糊综合评价更具客观性。

AHP 与模糊判别法结合的评价步骤如下：

（1）构建评价系统的评价因素递阶层次结构模型。

（2）利用 AHP 确定各评价因素的权重 W。

（3）确定评语集 $V=(v_1，v_2，\cdots，v_m)$。

（4）构建评判矩阵 R。

（5）计算综合评价向量 $S=W \cdot R$，给出综合评价结论。

6.3.4　评价实例

下面以某制造企业组织为例，运用 AHP 与模糊判别法结合的方法对其进行综合评价，其中权重与隶属度由一组专家集体判断给出。

1. 构建评价系统的评价因素递阶层次结构模型

评价中采用本书构建的制造组织综合评价的评价因素递阶层次结构模型，如图 6-3 所示。

2. 利用 AHP 确定各评价因素的权重 W

构造两两判断矩阵如下：

对 A 的判断矩阵：

A	B_1	B_2	B_3
B_1	1	1	1
B_2	1	1	1
B_3	1	1	1

对 B_1 的判断矩阵：

B_1	C_1	C_2	C_3
C_1	1	1	1
C_2	1	1	1
C_3	1	1	1

对 B_2 的判断矩阵：

B_2	C_4	C_5	C_6	C_7
C_4	1	1	3	3
C_5	1	1	3	3
C_6	1/3	1/3	1	1
C_7	1/3	1/3	1	1

对 B_3 的判断矩阵：

B_3	C_8	C_9	C_{10}
C_8	1	1	1
C_9	1	1	1
C_{10}	1	1	1

对 C_1 的判断矩阵：

C_1	D_1	D_2	D_3
D_1	1	3	5
D_2	1/3	1	3
D_3	1/5	1/3	1

对 C_2 的判断矩阵：

C_2	D_4	D_5	D_6
D_4	1	1/3	1
D_5	3	1	3
D_6	1	1/3	1

对 C_3 的判断矩阵：

C_3	D_7	D_8	D_9	D_{10}
D_7	1	3	3	5
D_8	1/3	1	1	3
D_9	1/3	1	1	1
D_{10}	1/5	1/3	1/3	1

对 C_4 的判断矩阵：

C_4	D_{11}	D_{12}	D_{13}
D_{11}	1	1	3
D_{12}	1	1	3
D_{13}	1/3	1/3	1

对 C_5 的判断矩阵：

C_5	D_{14}	D_{15}
D_{14}	1	1
D_{15}	1	1

对 C_6 的判断矩阵：

C_6	D_{16}	D_{17}
D_{16}	1	1
D_{17}	1	1

对 C_7 的判断矩阵：

C_7	D_{18}	D_{19}	D_{20}
D_{18}	1	1	1/3
D_{19}	1	1	1/3
D_{20}	3	3	1

对 C_8 的判断矩阵：

C_8	D_{21}	D_{22}	D_{23}
D_{21}	1	1	3
D_{22}	1	1	3
D_{23}	1/3	1/3	1

对 C_9 的判断矩阵：

C_9	D_{24}	D_{25}	D_{26}	D_{27}
D_{24}	1	1/3	1	3
D_{25}	3	1	3	5
D_{26}	1	1/3	1	3
D_{27}	1/3	1/5	1/3	1

对 C_{10} 的判断矩阵：

C_{10}	D_{28}	D_{29}	D_{30}
D_{28}	1	3	1
D_{29}	1/3	1	1/3
D_{30}	1	3	1

层次单排序及一致性检验的计算结果如下：

A－B 的相对权重：

$$\boldsymbol{W}^{(1)} = (w_1^{(1)},\ w_2^{(1)},\ w_3^{(1)})^{\mathrm{T}} = (0.33,\ 0.33,\ 0.33)^{\mathrm{T}},\ \mathrm{CR}^{(1)} = 0$$

B－C 的相对权重：

$$\boldsymbol{W}_1^{(2)} = (w_{1.1}^{(2)},\ w_{1.2}^{(2)},\ w_{1.3}^{(2)})^{\mathrm{T}} = (0.33,\ 0.33,\ 0.33)^{\mathrm{T}},\ \mathrm{CR}_1^{(2)} = 0$$

$$\boldsymbol{W}_2^{(2)} = (w_{2.1}^{(2)},\ w_{2.2}^{(2)},\ w_{2.3}^{(2)},\ w_{2.4}^{(2)})^{\mathrm{T}} = (0.41,\ 0.41,\ 0.09,\ 0.09)^{\mathrm{T}},$$
$$\mathrm{CR}_2^{(2)} = 0.06$$

$$\boldsymbol{W}_3^{(2)} = (w_{3.1}^{(2)},\ w_{3.2}^{(2)},\ w_{3.3}^{(2)})^{\mathrm{T}} = (0.33,\ 0.33,\ 0.33)^{\mathrm{T}},\ \mathrm{CR}_3^{(2)} = 0$$

C－D 的相对权重：

$$\boldsymbol{W}_1^{(3)} = (w_{1.1}^{(3)},\ w_{1.2}^{(3)},\ w_{1.3}^{(3)})^{\mathrm{T}} = (0.64,\ 0.26,\ 0.21)^{\mathrm{T}},\ \mathrm{CR}_1^{(3)} = 0.02$$

$$\boldsymbol{W}_2^{(3)} = (w_{2.1}^{(3)},\ w_{2.2}^{(3)},\ w_{2.3}^{(3)})^{\mathrm{T}} = (0.2,\ 0.6,\ 0.2)^{\mathrm{T}},\ \mathrm{CR}_2^{(3)} = 0$$

$$\boldsymbol{W}_3^{(3)} = (w_{3.1}^{(3)},\ w_{3.2}^{(3)},\ w_{3.3}^{(3)},\ w_{3.4}^{(3)})^{\mathrm{T}} = (0.61,\ 0.17,\ 0.17,\ 0.05)^{\mathrm{T}},$$
$$\mathrm{CR}_3^{(3)} = 0.09$$

$$\boldsymbol{W}_4^{(3)} = (w_{4.1}^{(3)},\ w_{4.2}^{(3)},\ w_{4.3}^{(3)})^{\mathrm{T}} = (0.43,\ 0.43,\ 0.14)^{\mathrm{T}},\ \mathrm{CR}_4^{(3)} = 0.01$$

$$\boldsymbol{W}_5^{(3)} = (w_{5.1}^{(3)},\ w_{5.2}^{(3)})^{\mathrm{T}} = (0.5,\ 0.5)^{\mathrm{T}},\ \mathrm{CR}_5^{(3)} = 0$$

$$\boldsymbol{W}_6^{(3)} = (w_{6.1}^{(3)},\ w_{6.2}^{(3)})^{\mathrm{T}} = (0.5,\ 0.5)^{\mathrm{T}},\ \mathrm{CR}_6^{(3)} = 0$$

$$\boldsymbol{W}_7^{(3)} = (w_{7.1}^{(3)},\ w_{7.2}^{(3)},\ w_{7.3}^{(3)})^{\mathrm{T}} = (0.2,\ 0.2,\ 0.6)^{\mathrm{T}},\ \mathrm{CR}_7^{(3)} = 0$$

$$\boldsymbol{W}_8^{(3)} = (w_{8.1}^{(3)},\ w_{8.2}^{(3)},\ w_{8.3}^{(3)})^{\mathrm{T}} = (0.43,\ 0.43,\ 0.14)^{\mathrm{T}},\ \mathrm{CR}_8^{(3)} = 0.01$$

$$\boldsymbol{W}_9^{(3)} = (w_{9.1}^{(3)},\ w_{9.2}^{(3)},\ w_{9.3}^{(3)},\ w_{9.4}^{(3)})^{\mathrm{T}} = (0.17,\ 0.17,\ 0.61,\ 0.05)^{\mathrm{T}},$$
$$\mathrm{CR}_9^{(3)} = 0.09$$

$$\boldsymbol{W}_{10}^{(3)} = (w_{10.1}^{(3)},\ w_{10.2}^{(3)},\ w_{10.3}^{(3)})^{\mathrm{T}} = (0.43,\ 0.14,\ 0.43)^{\mathrm{T}},\ \mathrm{CR}_{10}^{(3)} = 0.01$$

均满足一致性检验。

3. 确定评语集 $V = (v_1,\ v_2,\ \cdots,\ v_m)$

设评语集 $V = (优，良，中，差)$，或以分数表示 $V = (1.00,\ 0.75,\ 0.50,\ 0.25)$。

4. 构建评判矩阵 $\underset{\sim}{R}$

由专家给评价因素打分，并进行归一化处理，得到隶属度 r_{ij}。具体数值如表 6-1～表 6-3 所示。

表 6-1 隶属度矩阵(1)

B_1		优	良	中	差
C_1	D_1	0.2	0.4	0.3	0.1
	D_2	0.3	0.3	0.4	0
	D_3	0.1	0.4	0.4	0.1
C_2	D_4	0.3	0.3	0.4	0
	D_5	0.2	0.3	0.4	0.1
	D_6	0.2	0.3	0.4	0.1
C_3	D_7	0.1	0.4	0.5	0
	D_8	0.2	0.2	0.5	0.1
	D_9	0.2	0.3	0.4	0.1
	D_{10}	0.1	0.3	0.4	0.2

表 6-2 隶属度矩阵(2)

B_2		优	良	中	差
C_4	D_{11}	0.2	0.4	0.3	0.1
	D_{12}	0.1	0.4	0.4	0.1
	D_{13}	0.3	0.2	0.4	0.1
C_5	D_{14}	0.2	0.3	0.4	0.1
	D_{15}	0.3	0.2	0.3	0.2
C_6	D_{16}	0.1	0.4	0.4	0.2
	D_{17}	0.1	0.5	0.3	0.1
C_7	D_{18}	0.2	0.4	0.3	0.1
	D_{19}	0.3	0.3	0.3	0.1
	D_{20}	0.2	0.4	0.4	0

表 6 - 3　隶属度矩阵(3)

B₃		优	良	中	差
C₈	D₂₁	0.2	0.4	0.3	0.1
	D₂₂	0.3	0.2	0.4	0.1
	D₂₃	0.3	0.4	0.3	0
C₉	D₂₄	0.2	0.4	0.3	0.1
	D₂₅	0.2	0.3	0.4	0.1
	D₂₆	0.3	0.2	0.4	0.1
	D₂₇	0.2	0.3	0.3	0.2
C₁₀	D₂₈	0.4	0.3	0.2	0.1
	D₂₉	0.3	0.2	0.4	0.1
	D₃₀	0.3	0.4	0.2	0.1

5. 计算综合评价向量 $\underset{\sim}{S}=\underset{\sim}{W}\cdot\underset{\sim}{R}$，给出综合评价结论

$$\underset{\sim}{S}_1^{(3)}=\underset{\sim}{W}_1^{(3)}\cdot\underset{\sim}{R}_1^{(3)}$$

$$=\begin{bmatrix}0.64 & 0.26 & 0.12\end{bmatrix}\cdot\begin{bmatrix}0.2 & 0.4 & 0.3 & 0.1\\ 0.3 & 0.3 & 0.4 & 0.0\\ 0.1 & 0.4 & 0.4 & 0.1\end{bmatrix}$$

$$=\begin{bmatrix}0.218 & 0.382 & 0.344 & 0.076\end{bmatrix}$$

进行归一化计算可得

$$\underset{\sim}{S}_1^{(3)}=\begin{bmatrix}0.214 & 0.375 & 0.337 & 0.075\end{bmatrix}$$

同理可得 $\underset{\sim}{S}_2^{(3)}-\underset{\sim}{S}_{10}^{(3)}$ 的值：

$$\underset{\sim}{S}_2^{(3)}=\begin{bmatrix}0.220 & 0.300 & 0.400 & 0.080\end{bmatrix}$$

$$\underset{\sim}{S}_3^{(3)}=\begin{bmatrix}0.134 & 0.344 & 0.478 & 0.044\end{bmatrix}$$

$$\underset{\sim}{S}_4^{(3)}=\begin{bmatrix}0.171 & 0.372 & 0.357 & 0.100\end{bmatrix}$$

$$\underset{\sim}{S}_5^{(3)}=\begin{bmatrix}0.250 & 0.250 & 0.350 & 0.150\end{bmatrix}$$

$$\underset{\sim}{S}_6^{(3)}=\begin{bmatrix}0.100 & 0.450 & 0.300 & 0.150\end{bmatrix}$$

$$\underset{\sim}{S}_7^{(3)}=\begin{bmatrix}0.220 & 0.380 & 0.360 & 0.040\end{bmatrix}$$

$$\underset{\sim}{S}_8^{(3)}=\begin{bmatrix}0.267 & 0.333 & 0.333 & 0.067\end{bmatrix}$$

$$\mathop{S}\limits_{\sim}{}_{9}^{(3)} = \begin{bmatrix} 0.261 & 0.256 & 0.378 & 0.105 \end{bmatrix}$$

$$\mathop{S}\limits_{\sim}{}_{10}^{(3)} = \begin{bmatrix} 0.343 & 0.329 & 0.228 & 0.100 \end{bmatrix}$$

令

$$\mathop{R}\limits_{\sim}{}_{1}^{(2)} = \begin{bmatrix} \mathop{S}\limits_{\sim}{}_{1}^{(3)} \\ \mathop{S}\limits_{\sim}{}_{2}^{(3)} \\ \mathop{S}\limits_{\sim}{}_{3}^{(3)} \end{bmatrix} = \begin{bmatrix} 0.214 & 0.375 & 0.337 & 0.075 \\ 0.220 & 0.300 & 0.400 & 0.080 \\ 0.134 & 0.344 & 0.478 & 0.044 \end{bmatrix}$$

由此可得

$$\mathop{S}\limits_{\sim}{}_{1}^{(2)} = \mathop{W}\limits_{\sim}{}_{1}^{(2)} \cdot \mathop{R}\limits_{\sim}{}_{1}^{(3)} = \begin{bmatrix} 0.190 & 0.340 & 0.405 & 0.066 \end{bmatrix}$$

同理有

$$\mathop{S}\limits_{\sim}{}_{2}^{(2)} = \begin{bmatrix} 0.200 & 0.326 & 0.345 & 0.129 \end{bmatrix}$$

$$\mathop{S}\limits_{\sim}{}_{3}^{(2)} = \begin{bmatrix} 0.290 & 0.306 & 0.313 & 0.091 \end{bmatrix}$$

类似地，由 $\mathop{S}\limits_{\sim}{}_{1}^{(2)}$、$\mathop{S}\limits_{\sim}{}_{2}^{(2)}$、$\mathop{S}\limits_{\sim}{}_{3}^{(2)}$ 构成 $\mathop{R}\limits_{\sim}{}^{(1)}$，进而得

$$\mathop{S}\limits_{\sim} = \mathop{W}\limits_{\sim}{}^{(1)} \cdot \mathop{R}\limits_{\sim}{}^{(1)} = \begin{bmatrix} 0.227 & 0.324 & 0.354 & 0.095 \end{bmatrix}$$

由以上结果可以看出，该制造组织对"优"和"良"的隶属度占总体的 55.1%，这说明该组织的总体竞争力较强；而"优"、"良"和"中"三者的隶属度则达到了 90.2%。由此可见，该组织的竞争力属于中上水平。

6.4 本章小结

本章主要针对基于 OOU 的一体化网络组织集成设计与评价中的三个关键问题，包括 OOU 的优化选择、团队契约的最优设计、网络组织的综合评价等，通过建模作了定量研究。

首先，针对业务团队设计中 OOU 的优化选择问题，构建了由初步筛选、效率评价、组合优化三个步骤构成的 OOU 优化选择的三阶段模型。在该模型中，初步筛选采用直观标准；效率评价采用 DEA 方法；组合优化采用多目标规划方法。

其次，在界定团队契约及其博弈类型的基础上，针对组织内部长期团队、外部短期团队两种典型团队，构建了团队契约最优设计的博弈分析模型。通过模型分析，指出了相应团队最优契约设计的重点。

第三，针对网络组织的综合评价问题，通过对组织系统构成因素内涵的剖析，析取和界定了其表征属性，构建了综合评价的评价因素递阶层次结构模型，并采用 AHP 与模糊判别法给出了评价实例。该模型不同于一般的综合效率评价模型，它是一个针对组织系统性能的综合评价模型。

本章的研究工作形成了基于 OOU 的一体化网络组织集成设计的主要量化分析方法。

第七章

制造组织系统的持续创新技术

本章在分析、比较彻底变革(BPR)与持续改进(TQM)两种制造组织变革的经典技术的功能、特点与局限的基础上，融合二者的优点，探索提出一种制造组织变革的改进技术——持续创新(CIR)。

7.1　彻底变革与持续改进技术

7.1.1　彻底变革：BPR

1. BPR 理论的内涵及其变革理念

业务流程重组(BPR)是由美国原麻省理工学院教授 Hammer 在 1990 年率先提出的[171]。之后，他于 1993 年与时任美国 CSC Index 管理顾问公司董事长 Champy 合著《Re-engineering The Corporation》一书，指出"一整套两个多世纪之前拟定的原则在 19 世纪和 20 世纪的岁月里对美国企业结构、管理和实绩起了塑造定型的作用……我们说，现在应该淘汰这些原则，另订一套新规则了。对美国公司来说，不这样做的另一条路就是关门歇业。"这里所说的新规则就是业务流程重组(BPR)。业务流程重组(BPR)就是对企业的业务流程进行根本性再思考和彻底性再设计，从而获得在成本、质量、服务和速度等方面的戏剧性改善[15]。

BPR 理论提出的背景是，进入 20 世纪 80 年代后，世界经济与市场发生急剧变化，"3C"力量，即顾客(Customers)、竞争(Competition)和改变(Change)驱使企业进入了一个崭新的领域,过去成功的管理模式遇到了巨大的挑战,BPR 作为一种新的管理思想,提出后立即在全球形成了一个重组浪潮。BPR 被称做"恢复美国竞争力的唯一途径",并"取代工业革命,使之进入重组革命的时代"[15]。

BPR 的本质是一种激进的、革命式的管理变革,它不是对原业务流程的简单优化,而是对其进行根本性的重新思考、重新设计的过程。BPR 理论的基本思想与特征包括以下三个方面[82]:

(1)面向顾客。这是企业实施 BPR 的根本驱动力。企业必须能够满足顾客的个性化与多样化需求,及时地对市场的变化做出快速反应,才能在激烈的市场竞争中立于不败之地。

(2)面向流程。BPR 理论彻底改变了 Smith 的传统分工思想,是企业发展史上一次伟大的革命。BPR 强调打破部门间的界限,它以企业的业务过程为核心,对其重新设计,实现企业对全过程的有效管理和控制。

(3)寻求公司效能的突破性提高。BPR 不是企业性能的渐进式提高或局部改善,而是以顾客为中心,通过对企业业务流程从根本上的重新思考、重新设计,来实现企业效能的突破性飞跃。

BPR 方法的核心是流程分析与重组两个方面[82]。流程分析就是分析价值链上的所有环节,找出具有价值增值或核心竞争力的环节,剔除不具价值增值的环节;重组则是在流程分析的基础上,打破旧的管理规范,运用新的规则程序重新组合价值链上的各个具有价值增值的环节,从而实现企业新业务流程的优化,提高企业的核心竞争力,形成新的组织运行系统。

2. BPR 变革的方法体系

BPR 的本质是激烈变革,如何成功地实施变革没有统一的模式,在实践中也没有两家公司会以相同的方法实施重组。对 BPR 的定义和实施方法在理论上存在分歧,反映了 BPR 的方法论尚不成熟[61]。

为了获得公司持久的竞争力,BPR 强调面向业务过程、创建跨功能团队结构,并倡导以顾客为中心的公司文化。因此,实施 BPR 所引起的变化主要包括三个方面:① 公司文化与观念的变化;② 业务过程的变化;③ 组织与管理的变化。基于这一认识,学者们提出了一个多层次

BPR 实施体系结构模型，见图 7-1。该模型将 BPR 的实施分解为观念重建层、过程重建层和组织重建层三个层次[61]。

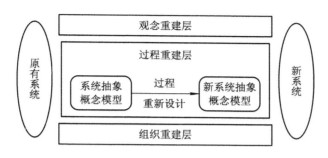

图 7-1 多层次 BPR 实施体系结构

（资料来源：陈禹六，李清，张锋. 经营过程重构（BPR）与系统集成. 北京：清华大学出版社，2001）

业务流程重组的具体方法很多，主要包括价值链（VC）分析法、关键成功因素（Critical Success Factors，CSF）分析法、约束理论、ABC（Activity Based Costing）分析法等[61,82]。日本学者吉川认为评价业务流程重组时应当将 VC 分析法、CSF 分析法、ABC 分析法结合起来：第一步，通过 CSF 分析法识别出本行业、企业、部门的主要成功因素；第二步，以 CSF 为基础制定行动计划；第三步，用矩阵形式表示出行动计划对应的活动与价值链，并进行分析。

BPR 最基本的方法是，从顾客需求出发，在流程价值评估的基础上，对非增值流程进行清除，对增值流程进行精益、简化、整合，减少流程周期时间及实现流程的自动化等。

Kettinger 等人提出了一个过程重组生命周期（Process Reengineering Life Cycle）体系框架，将 BPR 的过程分为规划前景、启动、诊断、重新设计、重新构造与评价六个阶段，涉及程序、人员、通信、技术和社会技术诸方面的内容，形成了一个有用的重构框架[82]。一般而言，实施 BPR 的基本步骤包括：通过学习建立创新思维，成立企业领导人负责的 BPR 委员会，诊断现有流程系统，设计新流程，实施新流程，绩效衡量，运行与维护，运用 TQM 持续改进。

成功的 BPR 必须与组织及其战略密切结合，这是很多研究人员在总结一些公司重组成败的经验后得出的结论[172]。下面给出基于公司战略的 BPR 的典型过程，如表 7 - 1 所示。

表 7 - 1　基于公司战略的 BPR 的典型过程

公司环境分析	确定核心战略	设计新流程	实施与评价	改进优化
• 行业及其业务的驱动力量 • 公司的核心能力、竞争地位和竞争优势	核心战略： • 改进生产率 • 改进顾客服务 • 业务多样化 • 组织管理变革 支持战略： • 信息系统 • 管理者发展 • 奖酬体系 • 内外协调	• 理解顾客的期望 • 绘制流程图 • 测量流程 • 与领先者进行比较 • 设计出最佳流程	• 实施新流程 • 测量与评价	• 全面质量管理 • 改进信息系统 • 培训管理者 • 改进奖酬体系 • 增强交流

（资料来源：Tinnila M. Strategic Perspective to Business Process Redesign. Management Decision, 1995，(3)）

由于缺乏统一的模式，下面根据国内外公司重组实践的经验，总结一下成功实施 BPR 需要遵循的一些要点[172]：

（1）管理层的支持。BPR 作为革命性变革，其发起者和领导者必须是高层管理者，至少对 BPR 所涉及的部门应有改革的权力。

（2）创新和合作的氛围。创新包括形成一个创新的奖酬和提升机制以鼓励创新，大胆采用新的方法等；合作包括团队成员之间，成员与领导、顾问、专家、支持人员之间等多方面的合作。

（3）使用高素质的人才。新流程中一个或几个人负责整个流程的处理，这就要求成员相对于过去的专家成为"通才"。相应的管理者需要具备多方面的知识和经验。同时，还要求成员与管理者具有创新精神、合作精神、变革精神等多种素质。

（4）授权给工作团队。新流程之所以能够快速对市场的变化和顾客的需求作出反应，其原因之一就是现场作业的工作团队能及时解决工作中出现的问题，这需要使工作团队具有相应的决策权，同时也要求工作团队成员具备较强的自主意识和发现问题、分析问题、解决问题的能力。

（5）抛开以前的限制。多元化、个性化的顾客需求，快速的市场变化，激烈的竞争态势都要求企业不能纯粹模仿别人的做法或者照搬老一套，而是要出奇制胜，获得差别化优势，增强自身的竞争实力。

（6）从最有益的地方着手。应在识别企业的关键流程基础上，从全局出发选择最容易成功、效果最显著的流程着手。第一步的成功会增强参与者的信心、增加其经验，从而使整个 BPR 更容易完成。

（7）从顾客的需求出发。顾客需求的变化是导致 BPR 的一个重要原因。顾客的满意决定着企业的生存。顾客满意度的定义有助于企业识别顾客的价值及哪个过程需要重组。

（8）使用信息技术。信息技术是实施 BPR 的重要使能技术，正确地运用信息技术对成功重组是非常关键的，甚至是成功重组的前提。

3．BPR 与组织结构

BPR 面向顾客，以顾客满意为目标，以流程为中心，打破原有规范，再造新的管理与作业流程，寻求公司业绩的突破性提高，这必然引起组织结构的变革。反之，组织结构的成功变革也是业务流程重组的必要条件。重组后的组织方式与传统组织方式的比较如表 7 - 2 所示[82]。

表 7 - 2 重组后的组织方式与传统组织方式的对比

重组后的组织方式	传统组织方式
· 以活动开展的过程为依据设计组织	· 以开展活动的实体为依据设计组织
· 面向过程	· 面向职能
· 以顾客为导向	· 以控制为导向
· 扁平式的组织结构	· 金字塔的组织结构

（资料来源：Grover V，Kettinger W J．Business Process Change：Reengineering Concepts，Methods and Technologies. IDEA Group Publishing，1995）

重组后的组织由多个流程组成，如果将每一个流程看成一个具有特定功能的网络，那么整个组织就由各个具备不同功能、协同完成整个企业目标的网络组成。组织可以看作是这样一个系统：流程内部按照网络方式组织并运行，流程之间也按照网络方式运行。这是一个新的组织形式，它既有职能组织的层级结构，又具有网络组织的网络化特点，因而可将其称为层级-网络组织结构。该组织模式建立的基础是作为网络某一节点的流程是具有自主代理的实体，作为流程中某一节点的成员也是自主代理的知识、信息、能力的存储和使用的实体。

层级-网络组织吸取了传统职能组织与完全网络组织两者的优势，在企业的底层按照核心能力形成网络状的流程，而在各流程之上构筑较扁平的管理层次，以起到流程间协调、管理与激励流程运转的作用。这样，一方面减少了管理层次，降低了沟通延迟，从而可获得快速的反应速度；另一方面，也避免了完全网络组织信道过多，交易费用过大，管理复杂的问题。总之，经重组形成的层级-网络组织结构具备以下两个显著特点：管理层扁平化，克服了传统管理机构臃肿、效率低下的弊病，中层管理者减少，管理费用下降，同时使管理者贴近基层、贴近顾客；决策权下放到基层，使得组织的反应速度加快，竞争能力提高。

应该指出的是，BPR 是革命性变革，伴随着流程的重组，除了组织结构变革之外，激励制度、资源分配、沟通方式、协调机制等一系列制度也应进行变革[173]。

4. BPR 理论与实践的局限

自 Hammer 博士提出 BPR 理论以来，形成了一个全球性的重组浪潮，但真正获得成功的企业却是极少数的，在欧洲甚至被讽为重组神话，究其原因主要是由于 BPR 理论本身存在着如下明显的缺陷[174]。

（1）观点过于偏激，BPR 突出强调了"创造"、"突破"及"彻底的重新设计"，忽视了持续改善的作用。事实上，重组与持续改进是互为补充的。并非所有现有的管理和作业流程都是缺乏效率的，对于毫无潜力可挖的流程必须进行彻底的、根本性的重组，使其产生飞跃；而一旦完成重组，就需要寻求持续改进的方法以保持流程的先进性。一味追求重组，从时间、成本方面考虑亦不尽合理。

（2）现有的 BPR 实施时，把重点和范围限制在某个功能的单一流程中，如福特公司的采购供应流程重组，Hallmark Card Inc. 对于开发新品种的流程重组[172]。这些重组虽然取得了成效，但仅限于局部。其目标是单一工作流（Work flow）的优化，几乎不考虑流程间的关联作用和相互影响，也没有考虑企业在整个供应链中所处的地位，使企业脱离价值链上的上下游环节成为一个独立的环节，因而成功率不高以及对企业整体功能的影响不大。

（3）目前，BPR 的理论及实际运作的主要重点在于克服界面障碍的问题，而相对忽视了另一个至关重要的核心问题——人的因素，即忽视了激发劳动者的积极性和工作效率。

（4）BPR 倡导革命性变革，但未形成一套规划与控制变革的有效方法，即在变革管理上缺乏创新。在 BPR 过程中出现的企业员工不满、焦虑、不安等情绪，抵制甚至恶意破坏了 BPR 的进行，可能会导致变革的失败[175]。

7.1.2　持续改进：TQM

1. 全面质量管理及其变革理念

今天，由"质量运动之父"Deming 以及美国 GE 公司的 Feigenbaum、Juran 和日本的 Ishikawa 等人开创的质量运动已从最初的质量检验、质量控制发展为全面质量管理（Total Quality Management，TQM）和全面质量创新（Total Quality Innovation，TQI）。TQM 的兴起标志着制造组织管理进入了一个新阶段，TQM 已发展成为了一种新的、由顾客需要和期望驱动的管理哲学[28, 177]。持续改进（Continuous Improvement，CI）是其核心理念与方法，并已成为提高制造系统与组织竞争能力的一种战略武器。

二战后 Deming 的理论被日本人接受并创造性地用于实践，进而将日本的工业重建成了世界王牌，并大大改变了美国的模式。20 世纪 80～90 年代，TQM 在帮助管理者解决全球竞争问题时处于最前沿，几乎所有杰出的公司都通过实施 TQM 在效率、品质和顾客满意方面取得了举世瞩目的成就。今天 TQM 仍然是组织管理的重要方面，许多组织追求挑战性的目标，如杜邦、GE 等公司都在推行 6σ（Six Sigma）质量标准。越来越多的组织运用 TQM 作为建立竞争优势的途径。

TQM 专注于质量和持续改进活动。一个组织满足顾客对质量的需求能达到什么程度，它的与众不同就达到什么程度，同时顾客的忠诚度就保持到什么程度。不仅如此，持续地改进产品或服务的质量和可靠性，可以使得组织的竞争优势令竞争对手难以模仿。产品创新对保持竞争优势的贡献有限，因为它很快就会被竞争对手模仿，但是不断改进所取得的成果是组织综合经营的体现，它会形成大量积累的竞争优势。

持续改进（CI），即持续在组织的所有方面实施小的、渐进的改进，是 TQM 的核心理念。Deming 所提出的"TQM14 原则"包括确定产品与服务改善的恒久目标，采纳新的哲学，永不间断地改进生产及服务系统，创造一个持续推动变革的高层管理结构等核心原则[176]。Juran 在其"质量三元论"中提出了质量改进理论，而持续改进则是其理论的核心。Feigenbaum 将组织与顾客价值取向的统一叫做"全面质量价值链"，并提出了实现"全面质量价值"的十个准则[178]，见表 7 - 3。

表 7 - 3　　TQM 应遵循的十个准则

序号	准　　　则	关键词
1	质量成为全公司的过程或程序	过程或程序
2	质量是由顾客来评价的	顾客
3	质量与成本应该是统一的	成本
4	质量的成功需要全公司发挥团队协作的精神和承诺	团队
5	质量是一种管理文化	文化
6	质量与变革是相辅相成的	变革
7	质量是一种道德规范	道德
8	质量需要持续改进	改进
9	质量是对公司经营业绩的最大贡献者	绩效
10	质量是由内外顾客和供应商的全面体系或系统来实现的	系统

（资料来源：Feigenaum A V. Total Quality Control. New York：McGraw-Hill，1983）

　　日本最著名的质量管理专家 Ishikawa 致力于推行的日本质量管理是经营思想的一次革命，其内容可归纳为：质量第一，面向消费者，下道工序是顾客，基于事实与数据，尊重人的经营，机能管理等。Ishikawa 认为"顾客是任何一个你工作的下家，而不论他是在组织的内部还是在组织的外部"，该创意已发展为内部顾客和外部顾客的概念。

　　Robbins 认为 TQM 是一种由顾客需要和期望驱动的管理哲学，其要点包括[28]：① 强烈关注顾客；② 坚持不断改进；③ 改进组织中每项工作的质量；④ 精确地度量；⑤ 向员工授权。Robbins 强调 TQM 本质上是一个持续的、渐进的变革方案。从变革的观点看，推行 TQM 涉及变革的三大领域：结构、技术和人员。

（1）结构：分权化、低纵向变异、低劳动分工、宽管理跨度、跨功能团队等。

（2）技术：柔性流程、员工教育与培训等。

（3）人员：教育与培训、支持性的绩效评估与奖酬制度等。

2. TQM 持续改善的方法体系

TQM 本质上是一个持续的、渐进的改善方案[28]。从持续改进的观点看，推行 TQM 的程序与方法体系主要包括以下内容。

TQM 体系的主要职能包括确定质量战略和目标，确定质量职责和权限，建立质量管理体系并使之有效运行，持续改进质量体系等。其运行的程序主要体现为 Juran 所创立的"质量环"与 Deming 总结的"PDCA 循环"。

美国质量管理专家 Juran 所创立的"质量环"[177]如图 7-2 所示。质量环涉及为使产品具有一定的质量而进行的全部活动或职能，包括市场研究、产品设计与开发、过程策划和开发、采购、生产或服务提供、检验、包装和储存、销售与分配、安装和投入运行、技术支持和售后服务等一系列环节。这些环节紧密连接，不断循环，周而复始，每经过一次循环，产品质量就得到一次提高。

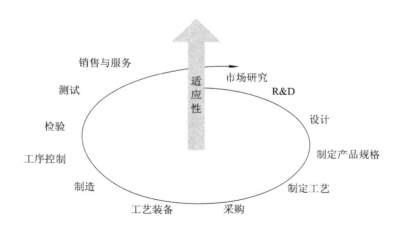

图 7-2 Juran 所创立的"质量环"

（资料来源：韩之俊，许前. 质量管理. 北京：科学出版社，2003）

Deming 总结提出的"PDCA 循环(Deming 环)"是 TQM 体系运转的基本方式。它反映了持续改进活动应遵循的科学程序[177]。PDCA 循环包括计划(Plan)、实施(Do)、检查(Check)、处理(Action)四个阶段,八个步骤。PDCA 循环的特点是:大循环嵌套小循环,上一级循环是下一级循环的依据,下一级循环是上一级循环的落实和具体化;不断循环上升,四个阶段周而复始地转动,每一次运动增加新的内容与目标,经过循环解决问题,提高质量水平;关键在于总结阶段,通过总结经验来巩固成绩、发现不足、纠正错误,这是不断提高的关键。

TQM 的方法体系包含了科学管理、人力资源方法和定量方法的贡献[28],其发展已超越了经典的统计与系统方法,形成了以持续改进为核心的新的方法体系。

Robbins 认为推行 TQM 的主要构成要素是注重顾客需要、强调参与和团队工作,并力争形成一种文化,以促进所有员工设法持续改进组织所提供产品或服务的质量、工作过程和顾客反应时间[28]。Daft 指出TQM 强调对整个组织的管理,以向顾客提供高质量的产品与服务。TQM 的四个重要组成部分如下所述:

(1)员工参与。TQM 要求所有公司员工都参与质量控制。

(2)重视顾客需要。所有员工都聚焦在顾客身上,发现顾客的需要并努力满足他们的需要与预期。

(3)标杆管理(Benchmarking)。发现其他公司如何比自己做得好,然后努力模仿以改进提高自己。

(4)持续改进[27]。持续在组织的所有方面实施小的、渐进的改进。

TQM 不能立竿见影,但所有杰出的公司都通过实施 TQM 在效率、品质和顾客满意方面取得了举世瞩目的成就。

TQM 强调团队合作、提高顾客满意度和降低经营成本。鼓励管理者和员工进行跨职能、跨部门的合作,以及与客户及供应商的合作,以寻求各种各样的改进机会,哪怕是很小的改进,每一次改进都是朝着完美的方向迈进了一步,组织追求的是零缺陷率。质量控制成为了每个员工日常工作的一部分。

TQM 的实施与其他分权控制方法的实施相似。前馈控制强调培训员工的防范问题而不是发现问题的能力，同时授予他们责任和权力去纠正错误、发现问题和解决问题。禀性控制包括组织文化和员工忠诚度，这两者都对 TQM 和员工参与有利。反馈控制则包括制定员工参与和产品零缺陷率的目标。

如上所述，TQM 的新发展包括标杆管理、6σ 管理、缩短周期、持续改进、质量团队 QC 小组[27]，构成了以持续改进为核心的、完整的变革方法体系。

3. TQM 与组织结构设计

TOM 与持续改善的推进，必然引起组织结构的变革，从而推动了组织设计思想的发展。事实上，TQM 是推动团队组织发展的主要领域之一。归结起来，TQM 从三个方面推动了组织设计的发展：TQM 降低了组织的纵向变异、减少了劳动分工以及强调了分权化的决策[28]。

（1）TQM 活动的一个共同特征是降低了组织的纵向变异。通过拓宽管理跨度和实现组织扁平化，可减少管理费用，并增进组织的纵向交流。

（2）TQM 活动的另一个共同特征是减少了劳动分工。强调专业化的劳动分工，不利于组织中的合作与横向沟通。而 TQM 活动开展的结果，则促进了工作的丰富化和跨专业职能界限的工作团队的更多使用。

（3）TQM 强调了分权化的决策。职权和职责尽可能地向下委托，尽量接近顾客。因为 TQM 的成功取决于对顾客需求变化做出迅速而持续的反应。

这些变革的效果，可以通过阿莫科生产公司的实例来说明。该公司认识到它的矩阵结构的问题，撤销了职能层级的设置。工人被合并到一个约 500 人的单位中，内部再以多种方式约束的工作团队进行组织，并给予团队相当大的决策权，取得了以相同数目的职业专家和更少数目的管理人员创造更大经济效益的结果。

TQM 的一个主要特征就是采用团队结构[27, 28]。TQM 的精髓在于工作程序的改进，工作程序改进的关键则是员工的参与，而解决问题团队能为员工提供这种途径。QC(Quality Circles)小组通常由 6 到 12 人组成，构成了 TQM 的基本组织方法，也是 TQM 成功的基本要素。

4．TQM 理论与实践的局限

TQM 虽然很有效，但它不是万能的。一些公司运用 TQM 的效果也令人失望，6σ 也不是解决组织存在的所有问题的灵丹妙药，有些公司花了大量的资源，却收效甚微[27]。Daft 指出了影响 TQM 成败的几个因素：管理层的期望过高，不切实际；中层管理者对权力的丧失大为不满；员工对组织生活的其他方面不满；工会领袖不能参与质量控制讨论会；管理人员采用消极等待的态度对待重大创新项目。究其原因，TQM 作为持续改进的理论与实践，存在以下局限[27，28]。

（1）理念冲突。在 TQM 的持续改进方法与革命性变革之间，存在着一种潜在的理念冲突。波罗拉依德公司至今没有解决好这一冲突，其制造经理主张渐进式的变革，这通常就是 TQM 所产生的；研究发展经理则认为受持续的、渐进式变革影响的组织结构会阻碍急剧的革命性变革，而正是这种变革造就了一个技术企业的成败。

（2）忽视重大变革。TQM 沉溺于持续的、渐进式改进，对许多组织来说，持续改进是远不够的。当环境变化（如技术变革）致使企业必须对现有营运方式进行重大变革时，TQM 却无能为力。这些组织需要的是急剧的、根本性的改变。Wang Lab. 的失败与 HP 公司的成功就是典型的案例。此外，致力于持续改进会忽视因环境变化所带来的危机，一旦危机出现，企业往往会因缺乏应变能力而陷入困境。

（3）改进的局限。TQM 致力于持续在组织的所有方面实施小的、渐进的改进，需要长期的努力才会有效果。尽管 TQM 在帮助公司的既有业务在效率、品质和顾客满意方面取得了举世瞩目的成就，但 TQM 偏重于"修正错误"式的改进，往往使得产品质量接近或达到既定水平时，难于取得突破性进展。

（4）重解决问题，而非发挥优势。TQM 的改进偏重于"减少错误"，企业在实施 TQM 时都将重心放在"寻找问题"与"解决问题"上。这往往只能使产品质量趋于完善，而难于取得创新性进展。因此，Feigenbaum 提出了 TQM 要转向"发掘优势"的观点。许多学者也提出了未来 TQM 的新概念——全面质量创新（TQI）。

（5）激励与控制的困境。TQM 强调分权，并采用团队工作方式，这可能会导致中层管理者对权力丧失的不满；如何对团队成员实施有效的激励也是一个难题。

7.1.3　彻底变革与持续改进的比较

从前面分别对 BPR 与 TQM 的理论分析可以看出，它们都是以满足顾客需求为导向，追求企业竞争力的提高，以实现企业的长期生存和发展。两者既有共同之处，也存在着显著的区别。

BPR 与 TQM 的相同之处在于：两者都强调以顾客为中心，增加顾客价值，提高顾客满意度；两者都将流程的优化作为竞争力的关键，通过流程的改进提高组织产品与服务的品质、效率，缩短顾客反应时间；两者都以高素质的员工为基础，重视员工的发展与激励，并重视组织文化的重要作用；两者都注重跨职能的工作流程，通过突破部门界限来达到部门间的协调、沟通与合作；重视工作团队的作用，两者都以团队作为其基本组织形式。

BPR 与 TQM 的不同之处在于：

（1）TQM 强调实行全企业、全过程和全员的系统管理，是对企业现有系统的维持与改善，但不触动企业的核心流程与体系结构；BPR 则强调对企业现有流程的根本性再思考和彻底的再设计，是对企业现有系统的否定，是一种突变。

（2）TQM 强调全员自下而上的参与；BPR 则倾向于领导推动，从高层管理者自上而下的贯彻。

（3）TQM 强调通过统计流程控制过程中不可解释的偏差最小化，以对流程进行改良；BPR 则试图评估并把握技术和组织能够带来最大变化的流程要素，以创造出显著的成果[15]。

（4）持续改进是一个永无止境的过程，必须持续进行；而 BPR 只能在适当的时刻进行。

（5）与 BPR 相比，企业实施 TQM 的成本和承担的风险相对都较小。

提出 BPR 理论的 Hammer 博士对 BPR 与 TQM 的主要不同点是这样叙述的[15]："质量改进是寻求过程业绩稳定增值的改进，企业流程重组不是通过强化现有过程，而是通过抛弃现有过程并重新设计来寻求突破。"TQM 是持续性改进，是一种量变；而 BPR 是飞跃式改进，是一种质变。试图使两者相互替代是不可能的，但重组与持续改进可以互为补充。对于毫无潜力可挖的流程必须进行彻底的、根本性的重组，使其产生飞跃；而一旦完成流程重组，就需要寻求其他持续改进方法以保持流程的先进性。一味地追求重组，从时间、成本方面考虑亦不尽合理。

作为组织系统集成再设计的实现技术，本书将试图把 BPR 与 TQM 融合，形成同步进行的一种持续创新技术，即在自上而下地实施 BPR 的同时，执行自下而上的 TQM，这是一种折中的变革模式。其基本理念是在组织运行过程中不断地对现有流程进行持续的创新，使组织的业务流程能够持续地与组织战略目标及其内外部环境相适应。

7.2　制造组织系统变革的改进技术——持续创新

AMM 的实施是制造组织的一项重大创新，必然引起制造组织一系列的重大变革。技术、竞争和顾客需求的持续快速变化，是今天全球化环境最重要的特征，它加快了组织创新变革的速度[55]。在今天唯一不变的是变化的时代里，变革成为许多企业生存的唯一出路。要保持自身的生存、具有活力和能适应环境，所有组织都必须持续地进行创新变革的探索。本节在分析已有变革模式及变革实践的基础上，融合相关学科的知识，探索提出一种新的变革模式——持续创新（Continuous Innovation，Reformation and Improvement，CIR）[179]。

7.2.1　持续创新的理念与概念框架

持续创新（CIR）是融合渐进变革（TQM）与激烈变革（BPR）的变革模式。其模式设计的基本思想是面向公司的使命、目标与战略，实施战略层主导的关键领域创新、管理层主导的适应性改革与作业层主导的持续改进三个层次并行推进的持续创新与过程管理。该模式实施的三大基础是：资源（柔性技术与高素质员工）、结构（基于最优组织单元的团队网络）、文化（强势创新文化与领导风格）。图 7-3 给出了持续创新变革模式的概念框架。

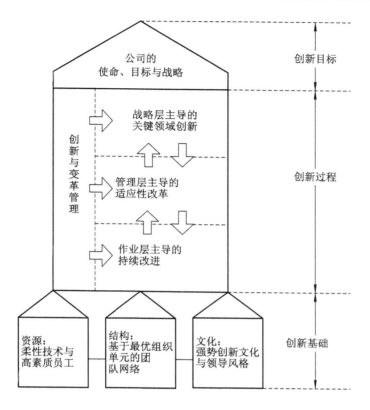

图 7-3 CIR 变革模式的概念框架

CIR 既不同于 TQM 的持续的、微小的改进，也不同于 BPR 的彻底性、根本性的重新设计。CIR 强调的是从公司的使命、目标与战略出发，选择最易突破、最具全局影响的关键领域和因素，实施有计划的、依次执行的持续创新。在这一过程中，管理层的主要作用是围绕战略层的持续创新，在产品、市场、技术、人因及管理结构等领域进行适应性改革；作业层则围绕着上层创新与改革执行作业领域过程、质量、效率和速度的持续改进。因此，CIR 模式具有如下特征：

（1）选择关键战略领域与关键因素进行持续创新，实施重点突破。

（2）强调创新、改革、改进的动态持续性。

（3）强调战略层、管理层和作业层变革的并行、协同推进与过程管理。

（4）以协调人与技术的相互作用、设计和运用变革团队的网络结构、发展新型的组织文化为基础。

（5）注重各种变革管理方法的系统集成，以及权变方法在变革管理中的运用。

表 7-4 总结了 CIR 模式的基本特点及其与典型变革模式 TQM 及 BPR 的比较。

表 7-4 CIR 与 TQM 及 BPR 的比较

	持续改进：TQM	激烈变革：BPR	持续创新：CIR
频率	持续不断	一次性	动态持续
范围	所有领域中渐进的、微小的改进	整个流程彻底的重新设计	针对关键环节的选择性的重新设计
组织	团队：QC 小组	团队：BPR 委员会	团队：基于 OOU 的团队网络
文化	改良文化	革命文化	创新文化
方式	自下而上	自上而下	上下结合
过程	周而复始地持续进行	变革工程项目或与持续改进交替进行	创新、改革、改进三个层次并行持续推进
战略	支持事业战略、职能战略	支持事业战略、职能战略	支持公司战略、事业战略、职能战略
方法	科学管理	权变方法	STS、权变方法
实施	基层主导	高层主导	高层、中层与基层三层次协同

在理论基础上，CIR 模式主要是融合吸收了已有变革管理理论，战略管理理论，组织文化、组织行为与结构设计理论等，特别是 TQM 理论、BPR 理论、组织政治与冲突管理理论、关键成功因素（CSF）理论、适应性变革理论等[48,180]。在研究方法论方面，主要是系统理论与方法，包括 STS 分析、生命周期方法论等。

创新及所引发的变革被称之为战略变革[55]，是 CIR 的先导，围绕着公司使命、目标与战略的创新是对环境的适应性，因而也是公司生存发展的关键。创新变革具有高度的不确定性与风险，也是最复杂的变革过程。公司必须致力于使变革易于进行，需要支持和鼓励成员的创造性，需要设计柔性的结构，并使人们有实验和创造的自由。因此，创新变革涉及资源、结构和文化等变革的全局。

CIR 强调关键领域创新，是创新变革复杂性与资源有限性的要求。它使创新变革易于取得突破。麦肯锡对促进变革的方法的研究，强调有选择的简明目标，以及随着战略的进展而转移重点在成功变革中的重要性[157]。

CIR 强调创新变革的持续性，首先是持续变化的环境的要求，同时，也是发展制造组织适应与创新能力的要求。Hill 指出最常发生变革的组织较容易执行变革，因为组织的惯性还未形成。管理者应将变革制度化，使组织得以持续地调整结构，以适应竞争的环境[55]。Galbraith 也指出，变革会带来不确定性，而历经不确定性动荡的公司反而最具应变能力，因为它们经常被迫改变，使公司更容易发展出管理变革的能力[181]。当然，稳定与变革是组织生存和发展必不可少的条件[26]，CIR 强调的是组织系统的动态平衡。

创新变革需要公司各领域的高度协调[55]。这正是 CIR 模式三层次协调变革模式设计的思想。忽视战略层主导的关键领域创新，或忽视作业层主导的持续改进是传统变革模式及其实践的主要局限。另外，研究表明，管理层特别是职能管理人员往往是组织变革行动的主力[26]，因为相对于作业层而言，他们拥有更大的变革权限。而相对于战略层而言，他们承担的变革风险又相对较低。

CIR 模式能够更好地适应持续变化环境对制造组织适应性的要求，避免了 TQM 与 BPR 变革模式的局限性，克服了两种变革理念的对立，以及中层权利的削弱所带来的组织冲突。

7.2.2 持续创新的三层次并行推进体系

战略层主导的关键领域创新的主要任务是面向公司的使命、目标与战略，基于 SWOT 分析，识别关键成功因素（CSF），通过创新（Innovation）、改造（Reengineering）、重构（Restructuring）实施重点突破[55]，建立满足战略要求的关键条件，并随着环境的变化与战略实施的推进，适时转移创新的重点。

管理层主导的适应性改革的主要任务是围绕战略层主导的关键领域创新，在产品、市场、技术、人因及管理结构等功能领域实施配套改革。在这里适应性具有双重含义：一是服务于关键领域创新的需要；二是依据 STS 的观点，注重人与技术系统的相互适应的需要，寻求满意的而不一定是最优的改革方案与方法[48]。

作业层主导的持续改进的主要任务是运用 TQM 的方法，围绕关键领域创新和适应性改革所引起的作业与控制系统的变化，对其结构、过程、功能实施进一步的改进与完善，同时，对质量、效率、速度等实施永无止境的持续改进。

战略层主导的关键领域创新是制造组织实施 CIR 的先导，作业层主导的持续改进是制造组织实施 CIR 的基础，而管理层主导的适应性改革则在其中扮演着承上启下的重要作用。由此，形成了战略层主导的关键领域创新、管理层主导的适应性改革、作业层主导的持续改进三层次并行协同推进的 CIR 体系。每一层次的推进过程可用 Deming 环来描述[177]，即依次通过规划（P）、执行（D）、检查（C）、行动（A）四个环节周而复始地进行，如图 7-4 所示。

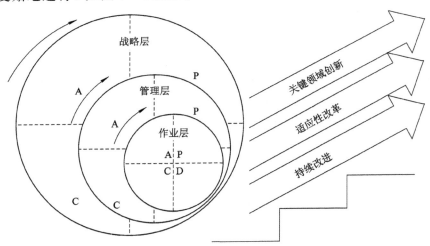

图 7-4 三层次并行推进的持续创新体系

图中 Deming 环大循环嵌套小循环反映了战略层、管理层、作业层三层次并行协同推进的"目的-手段链"。通过三层次并行协同推进的 CIR 变革，可实现制造组织的战略目标，达成创造顾客价值、建立竞争优势的使命。

各层变革的推进可以进一步概括为两个阶段：分析与行动[26]。据此，可建立 CIR 推进过程的两阶段模型，如图 7－5 所示。

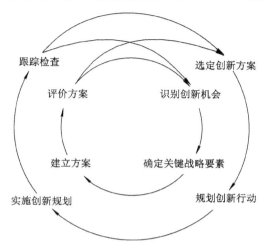

图 7－5　持续创新循环：分析与行动

（资料来源：Kast F E，Rosenzweig J E. Organization and Management：A Systems and Contingency Approach. New York：McGraw-Hill，1979）

该模型内圈强调分析，外圈则强调行动，两个阶段交替循环。分析阶段包括识别创新机会、确定关键战略要素、建立方案与评价方案等环节。分析阶段可供选择的方法包括环境扫描法、SWOT 分析法、差距分析法、CSF 分析法、头脑风暴（Brain Storming）法、德尔菲（Delphi）法等。行动阶段包括选定创新方案、规划创新行动、实施创新规划和跟踪检查等环节。行动阶段可供选择的方法包括力场分析法、权变法，以及多种实施变革的社会技术与工程技术。

在分析阶段中的评价方案环节，如存在可行方案，则转入行动阶段，否则重新进入分析循环；在行动阶段中的跟踪检查环节，如达成创新目标，则转入新一轮创新的分析阶段，否则，须强化行动或进入分析循环。Kast 和 Rosenzweig 强调分析与行动必须有一个良好的平衡[26]，过分的分析将导致"分析性瘫痪"，永远达不到行动阶段，而分析不足便盲目行动则可能导致"冲动性毁灭"。

长期以来获得广泛认可的 Lewin 的三步骤变革过程模型将变革过程分为解冻（Unfreezing）、变革（Changing）、再解冻（Refreezing）三个阶段。其实质是将变革看作是对组织平衡状态的打破。现状被打破以后，就需要经过变革建立起一种新的平衡。Lewin 的观点已成为一种过时的描述[28]。因为其隐含的假设是稳定是组织的常态，而变革只是组织偶然的行为。在持续创新模式中，就整个组织而言，变化和变革是组织的常态，组织的一切因素均是变量，创新与改革处于持续进行当中。

STS 学派变革的权变观是有益的，它强调成功变革的关键是彻底地、不畏艰苦地对组织及其环境状况的系统分析、恰当的变革重点和适宜的变革策略[26]。

7.2.3　持续创新的基础

资源、结构、文化是构成制造组织系统的三大基础要素，也是推进制造组织变革的三个主要领域与成功实施 CIR 的基础。柔性技术和高素质员工、基于 OOU 的团队网络结构和强势创新文化与领导风格是 CIR 成功的关键。

1. 资源——柔性技术和高素质员工

现代制造组织的核心资源包括技术、知识与人。它是制造组织发展与建立竞争优势的基础，也是 CIR 变革的主要领域与主要基础。

制造组织的技术变革主要包括新设备、新方法的引进，及制造过程的自动化和信息化。技术的创新往往是组织创新的先导和动力，IT 和 Internet 的发展及应用是当代组织创新最主要的推动力。技术变革（Technology Change）通常是自下而上（Bottom-up）的，技术专家充当变革的思想先锋（Idea Champion）。成功的技术创新要求营销、R&D、制造，还可能包括其他部门或顾客、合伙人、供应商的横向协作[27]。从变革的角度讲，CIR 变革模式所强调的技术特性主要是技术的柔性，它可为结构与文化的变革提供更广阔的空间。

人力资源是制造组织最重要的资源。人是各种变革的发起者和执行者，其中管理者作为组织的中心人物，是最终决定变革的人。尽管很多时候变革是由技术变化所引起的，但人的因素始终是变革成败的决定因素[26]。人具有强烈的变革欲望和实施变革的创造潜力，人的因素同时又往往是变革最大阻力的来源。

重大变革必然会对组织成员产生某些心理影响，变革后果的不确定性常常导致高度的混乱和不安，特别是变革进行的不顺利时更是如此。

随着变革的推进，信心将会增加，不安将逐渐减少[26]。

　　人因变革主要是改变员工的技能、态度和行为。推进人因变革的方法包括高层次培训与发展投入，保持知识的更新；高工作保障，减少顾虑；任用有创造性的员工，以及组织发展（OD）的各种技术[28]，如敏感性训练（Sensitivity Training）、调查反馈（Survey Feedback）、过程咨询（Process Consultation）、团队建设（Team Building）、组际发展（Inter-group Development）、大组干预（Large-group Intervention）等。

　　高素质员工应具备多种优秀的品质。从变革角度讲，CIR 主要强调高素质员工的创造性。Robbins 曾描述了创造性人员的特征，包括高度自信、有持久力、精力旺盛、敢于冒险等[28]。Kanter 和 Sutton 提出了具有创造力的人应具备的条件[182]：概念清晰，思想开放，独创性，较小的职权，独立性，自信，开心，自由的探索，好奇心，耐心，忠诚，聚焦的方法等。Daft 则认为创造性人员应具有快速学习的能力，能够共享知识，对风险、变革和模糊性保持乐观态度[27]。

　　综合上述分析，柔性技术和高素质员工是 CIR 关键的资源基础。

2. 结构——基于最优单元的团队网络结构

　　结构包括组织成员的角色、权威和交往结构，常被称为组织的基础结构。其重要性在于结构决定功能，结构塑造人的行为。从广义上讲，结构决定资源的整合配置及其效率。在变革实践中，结构历来是重大组织变革的切入点和突破口。新结构形式的出现，将为整个组织的变革提供动力[26]。近年来学习型组织的发展正在引发一场组织形式的革命，这也正是组织学习与变革的体现[27]。

　　结构是联系资源与文化的纽带。结构变革（Structural Change）与技术变革不同，它是自上而下（Top-down Process）引发的，高层管理者是变革的主要推动者[27]，对 CIR 的成功具有全局性影响。

　　追求创造力的组织设计在创新变革中发挥着关键的作用。Kanter 和 Sutton 曾分析了创造力组织的特征[182]，包括开放、重叠的组织边界与团队技术，分权、松散的控制，自由的文化、鼓励创新与容忍失败的奖励机制等。Daft 强调新风险团队（New-venture Team）、思想孵化器（Idea Incubator）、秘密小组（Skunworks）等组织技术在激发变革中的重要作用[27]。Robbins 也指出，有机式结构与团队间的密切沟通是成功变革的重要保证[28]。学习型组织的发展与 TQM 的成功实践都证明了团队结构在组织变革中的重要作用。

综上所述，OOU 及建立于其基础之上的团队网络结构，是 CIR 变革模式的最佳组织设计。OOU 所具有的小规模、自治权，以及自学习、自适应、自进化等生态演进的特征，使之成为组织中最具活力的创新主体。而 OOU 所具有的相对稳定性和多生命周期的特征又是实现持续创新变革中组织动态稳定性的基础。同时，基于 OOU 的团队网络结构设计使得制造组织具有高度的结构柔性，具有较强的对复杂环境变化的适应力。因此，基于 OOU 的团队网络是 CIR 关键的结构基础。

3. 文化——强势创新文化与领导风格

文化包括组织成员的价值观、信念和规范，它是作为组织的心理背景存在的。其影响在于文化奠定组织的行为规范与风气，决定组织成员的态度与行为。Kast 认为变革应成为组织文化与领导风格的不可分割的部分，并指出组织中存在的有关变革的历史观、变革的总气氛等对变革的成功是非常重要的[26]。文化是日益受到重视的组织变革的决定性因素。当代组织变革的重要趋势是 IT 与全球化所带来的文化变革。

组织文化具有相对稳定的特点，其变革具有相当大的阻力，特别是对于强文化的组织[28]。如何有效地进行文化变革（Culture Change）？Robbins 指出了可促进文化变革的情景因素，包括大规模危机的出现、领导职位的易人、组织新而小、组织文化弱等，并指出了有利于变革的文化的特征，如接受模棱两可、容忍不切实际、外部控制少、接受风险、容忍冲突、注重结果与强调开放系统等。

传统变革中改良文化与革命文化之间存在必然的理念冲突[28]。CIR模式需要的是一种新型的创新文化。它必须面对持续的复杂变化与变革，保持高度的警觉，能捕捉转瞬即逝的机遇，并吸纳有价值的新概念。Martin 指出"为了以高速度变化，企业需要设计一个基础来促进变化，需要一种文化，把变革看作一种持续的过程，而不是问题"。Martin 将这种文化看作是新经营管理模式的基础[169]。

创新文化是一种新型的强势组织文化。它是一种对快速环境变化具有高度敏感性的文化；是一个前导性的强烈支持创新与变革，并具有高度聚合力的组织文化；是一个具有包容多样性特质的组织文化。这种文化是生态型组织的精髓，它使企业成为一个活的、生态型组织系统[183]。Daft 指出新工作场所学习型组织的强势适应性文化的核心价值观主要包括：整体比部分更重要，部门界限最小化，平等主义，崇尚变化、冒险和改进等[27]。

领导风格既是特定组织文化的组成部分，又是特定文化形成的前提。组织领导人是创新变革的决定者，其价值观、态度和行为会影响到整个组织的人员并导致文化变革。CIR 需要的是变革型领导（Transformational Leader）的领导风格[27]。因此，强势创新文化与领导风格是 CIR 关键的文化基础。

7.2.4 持续创新管理的程序与方法

CIR 的管理程序主要包括如下步骤[27, 55]：

（1）识别变革需求。通过评估机遇与问题，决定资源（技术、人因）、结构和文化创新与变革的必要性及程度。

（2）力场分析。分析评估创新与变革所面临的主要推动力量和抵制力量因素。

（3）激发变革。营造变革气氛，激励创造力，强化变革动力与消除变革阻力。

（4）实施变革。实施资源（技术、人因）、结构与文化的创新和变革方案。

（5）评估变革。评估每一变革过程的结果及其对公司的绩效和竞争力的影响。

持续创新变革的主要内容包括三个方面[28]：资源（技术、人因）、结构与文化变革。① 资源变革（Resource Change）的核心是技术、人因变革，技术变革主要包括新设备、新方法的引进及其自动化和计算机化，人因变革主要包括改变组织成员的技能、态度和行为[27]；② 结构变革主要包括改变组织的复杂性、正规化、集权化程度及其他结构因素；③ 文化变革主要是改变组织成员的价值观、信念和行为规范。这三个方面的创新与改革是密切相关的，任一方面的重要改变都会引起其他两方面的变化。这决定了 CIR 中三层次协同变革的重要性。

人们已发展的各种变革管理方法可以被视作从传统方法到现代方

法的连续统一体。在传统方法中,从制定变革计划到规定新任务各个方面的具体变化均由管理部门决定;而在现代方法中,这些问题都委托给相应的团队去自主处理,而团队只受到任务与技术等条件的限制。介于这两个极端方法之间的则是一系列的建议、协商、参与的方法[48]。CIR模式强调在充分考虑技术、人因、组织的相互关系基础上决定采用最佳的变革管理方法。表7-5归纳出了CIR管理过程中可供选择的主要方法[26-28,48]。

表 7-5 持续创新变革过程中可供选择的主要方法

变革需求	变革力场	激发变革	实施变革	评估变革
• 绩效差距(Performance Gap) • SWOT 分析(机会、威胁、优势、劣势) • 环境扫描	力场分析 驱动力量: • 外部力量(顾客、竞争者、技术、经济力量、法律条例、全球化等) • 内部力量(目标与战略、新技术、效率、人因等) • 管理者作为变革的推动者(Change Agent) 限制力量: • 自我利益 • 缺乏理解和信任 • 不确定性 • 不同评价和目标 • 组织政治(Organizational Politics)	激发创造力: • 搜索(Search) • 创造力组织 • 思想先锋(Idea Champion) • 新风险团队(New-venture Team) • 思想孵化器(Idea Incubator) • 秘密小组(Skunworks) 变革策略: • 教育与沟通 • 参与 • 谈判 • 胁迫 • 最高管理层的支持	权变方法 资源变革: • 新设备、工具和方法的引进 • 自动化和计算机化 • 工作过程设计 • 组织发展(OD) • 培训和发展计划 结构变革: • 改变复杂性 • 改变正规化 • 改变集权化程度 • 职务再设计 文化变革: • 任命具有新观念的新领导 • 组织重组 • 危机意识 • 公开新规范 • 引入新故事 • 改变人员甄选、社会化进程、绩效评估和奖惩制度	• 股票市值 • 市场占有率 • 组织柔性 • 管理能力 • 政治行为与冲突 • 团队合作

(资料来源:根据 Daft(2004)、Robbins(1994)、Kast(1979)、Hill(1998)等人的著作整理)

应当指出的是，表 7-5 所归纳总结的只是研究者所发展的变革管理的部分方法，此外尚有大量的研究成果，主要涉及变革中人的行为、组织文化的改变，及推进变革的策略与原则等。CIR 模式强调 STS 观的权变方法，即根据具体的变革目标、领域、重点及具体的组织环境，通过具体力场分析（Force-field Analysis），选择恰当的变革管理方法。

在日益复杂多变的环境条件下，特别是 IT 发展与创建学习型组织的背景下，持续创新变革的管理面临着一系列新的课题[26,28]：如何驾驭组织的持续变革，如何改变组织的文化，如何应付变革所带来的员工的压力，如何管理变革中的差异性与冲突等，还有待于进一步的理论研究与实践探索。

7.3 本 章 小 结

本章主要针对制造组织系统的再设计（组织变革），在融合彻底变革（BPR）与持续改进（TQM）两种经典变革技术的基础上，提出了制造组织变革的一种新技术——持续创新（CIR）。

首先，对组织变革的两种经典技术：彻底变革（BPR）与持续改进（TQM）的特点、理念、方法与组织结构等进行了深入的分析与比较，指出了各自的优点与局限。

其次，在融合 BPR 与 TQM 优点的基础上，提出了一种组织变革的改进技术：持续创新（CIR）。对 CIR 的变革理念、推进体系、基础结构与实施方法等作了系统的阐述与分析，并与 BPR 和 TQM 进行了比较。CIR 的主要变革理念与特点包括：选择关键战略领域与关键因素进行持续创新，实施重点突破；强调创新、改革、改进的动态持续性；强调战略层、管理层和作业层变革的并行、协同推进与过程管理；以协调人与技术的相互作用、设计和运用变革团队的网络结构、发展新型组织文化为基础；注重各种变革管理方法的系统集成，以及权变方法在变革管理中的运用。

本章的研究工作发展了制造组织变革及其管理的一种新模式——持续创新（CIR）模式。

第八章

结 论 与 展 望

　　20 世纪 80 年代以来，制造业环境的一系列深刻变化，导致了一场以采用先进制造技术（AMT）、实施先进制造模式（AMM）和相应经营方式变革的革命。大量 AMM 不断涌现，但其中大部分 AMM 尚停留在理论研究阶段，制约其向应用发展的关键因素是组织创新的滞后，也因此限制了 AMT 效益的发挥。正是在这一背景下，本书选择了 AMM 中的组织系统技术这一研究领域，并将研究的目标定位于发展一种面向 AMM 结构特性需求的新组织形式及其设计的理论与方法。通过本书的系统研究，提出了一种基于最优组织单元（OOU）的一体化网络组织集成设计模式，基本实现了预期的研究目标。回顾本书的研究工作及其结果，可得出以下几点结论与启示。

8.1　本书研究的主要结论

　　本书研究的主要结论如下：

　　（1）随着知识经济的崛起、IT 革命的深入与全球化趋势的发展，制造业所面临的市场、技术、竞争及社会经济环境正经历着一场深刻的变化。顾客的需求日益多样化、个性化；技术创新的速度加快，以 IT 为主导，各种 AMT 大量涌现；竞争格局发生了质的变化，全球化格局下的超竞争、基于时间与速度的竞争、基于双赢理念的合作竞争等成为竞争的主要形态；知识化、信息化、全球化趋势使社会经济环境发生了根本性的变化。以大批量生产为主要特征的传统制造模式遇到了前所未有的挑战，其赖以建立的基础——传统的大规模市场将不复存在。制造业正在经历着一场以实施 AMT 和经营方式彻底变革（如BPR）为主要内容的 AMM 的革命。这是人类历史上第三次制造模式的大变革，对这场革命性变革的性质及其深远影响我们必须要有清醒的认识，并应前瞻性地采取应对的策略，否则，必然会在新一轮全球化竞争中陷于被动。

（2）传统制造模式终将被新的 AMM 所取代，这是不可逆转的趋势。正是在这一背景下，制造模式的创新速度加快，AMM 大量涌现。制造模式创新最主要的成果是确立了 AMM 的基本理念，目前提出的AMM 已多达数十种，其基本理念已得到了广泛的认同。在性能上，AMM 追求精益、灵捷、柔性、绿色及其协同；在结构上，AMM 呈现单元化、集成化、网络化、虚拟化与生态化的趋势。但 AMM 的最终确立，还有待于大量的研究与实践工作，目前已提出的 AMM 大部分尚未投入实际应用，限制了各种 AMT 效益的发挥，其关键的制约因素是组织创新的滞后。因此，AMM 的革命必须依靠彻底的组织变革才能完成。面向 AMM 的组织理论与方法的创新，是今后 AMM 研究与应用的紧迫任务。

（3）在制造模式的创新中，组织因素扮演着非常重要的作用。制造模式是基于价值创造的特定技术及其与之适应的组织结构协调构成的制造活动方式，其本质是制造战略、制造技术与制造组织的协同方式。在 AMM 的诸要素中，组织因素扮演着比其他因素更为重要的作用。从历史的观点看，正是因为人类具有发展复杂组织系统的能力，才取得了今天的技术与经济成就。因此，学者们提出"制度重于技术"、"组织重于制度"的论断是不无道理的。从具体的制造系统看，技术选择确定之后，系统的效果就取决于更具能动性的组织因素。组织不仅是 AMM 的主要构成因素，而且组织对 AMM 的其他因素发挥着重要的能动性影响，特别是组织决定着 AMM 中各因素的协同方式。因此，组织因素决定着 AMM 的本质。这也就是组织因素成为许多 AMM 难于实际运用的瓶颈所在，也是近年来 AMM 创新主要转向组织系统创新的原因。

（4）实现制造模式的创新，必须致力于组织及其研究方法的创新。AMM 创新的单元化、集成化、网络化、虚拟化、生态化等趋势，向制造组织的研究提出了全新的课题，要求人们运用新的观点重新认识制造组织的本质，发展面向 AMM 的、突破传统 U 型与 M 型的新型组织模式，致力于研究方法的创新，采用更科学的组织系统研究方法。但由于组织理论和技术所研究的组织与环境系统的高度复杂性及多样性，使得组织系统研究方法的发展相对缓慢，组织模式的创新也相对滞后。同时，不容忽视的是，就科学技术而言，在组织与管理领域我国相对于发达国家的差距更大。因此，组织技术是 AMM 的关键技术，也是 AMM 应用的紧迫课题。如果在这方面无重要突破，势必会严重制约 AMM 研究与应用的发展。

（5）要实现制造组织的重大变革与创新，必须采取科学的研究方法。组织系统技术也被称为社会技术与行为技术，它是一种软技术，比工程技术具有更大的复杂性与不确定性（不精确性和或然性）。没有任何一种最好的方法，应致力于在"普遍原则"与"视情况而定"之间的具有实用价值的折中性技术的研究。要运用描述性与规范性研究相结合的方法，防止在研究中一味追求效仿自然科学的方法，而使用过度简化模型的倾向。其次，研究必须采用系统的方法，特别是社会技术系统（STS）的分析方法，综合考虑制造系统中技术的和社会心理的组织方面的相互关系，避免单纯强调技术或单纯强调组织与管理，以及将二者割裂开来进行研究的倾向。同时，这也意味着必须采取跨学科的研究方法。

（6）本书研究工作的主要成果是提出了一种新的制造组织结构形态与设计的理论和方法，即基于 OOU 的一体化网络组织集成设计模式。该模式首先是建立在对 AMM 的演化趋势与结构特性分析的基础之上的，具有较强的针对性，为 AMM 结构特性的实现提供了一种可供选择的组织结构形式与相应的设计技术。其次，本书的研究工作具有一定的系统性，从理论基础、研究方法到系统设计与系统评价，形成了基于 OOU 的一体化网络组织模式及其系统设计、评价与再设计（变革）的初步理论与方法体系。此外，本书的研究工作具有较强的探索性与开拓性。研究中探索提出了若干新的概念与原理，构建了不同的量化模型并提出了相应的分析与设计方法，因而具有一定的创新性。

（7）作为本书所提出的基于OOU的一体化网络组织结构形式及其集成设计模式的一个理论应用，在本书的研究中，作者尝试将其应用于多生命周期组织问题的研究，发现它具有很强的科学解释能力和独特的优越性。它能够科学地阐明多生命周期组织的概念，科学地解释组织生命特性（组织DNA）及其代际遗传的载体与机理，并可明确其具有操作性的设计原理与方法。该专题的研究是基于OOU的一体化网络组织集成设计模式科学性的一个理论验证。

（8）本书研究成果的理论与应用价值在于：为前沿性AMM的单元化、集成化、网络化、虚拟化与生态化等结构特性的实现提供了组织结构形式，完善了AMM的研究，并可促进其向实际应用的发展；提出了一种新的组织结构形态与设计模式，丰富了组织理论与方法的创新，特别地，给出了"基于单元的组织"的具体实现形式，解决了网络组织因渠道激增带来的网络瘫痪问题；作为一种具有潜在优越性能的组织形态，可为建立一种新的制造企业组织的基础结构（结构、控制系统与组织文化）提供基础，从而可促进企业的组织发展（OD）与业绩提升。

（9）通过本书的研究，作者得出了一个基本观点，即制造组织未来演化的趋势是生态化。这是由技术、市场与社会因素的变化趋势所决定的。生态学的思想目前已被人们引入到制造模式与组织的研究领域，但更多的还停留在对自然生态的简单类比与借鉴上。随着人们对组织生态研究的深入，自然生态观必然向组织生态观演化。组织的生态化或生态型组织是一种具有自然生态系统机能的组织，其运作如同一个生命有机体。它具有快速自主学习的能力和某种程度的智慧，能通过自组织发展不同的生存能力、技巧和策略，具备对复杂环境变化的灵敏响应能力，并且实现与环境的协同进化或变异（蜕变），从而保持其持续生存发展的生命力。理想的生态型组织（组织的极终形态）是具有像自然界中的最高智慧生物——人的能力与行为特征。生态型组织是学习型组织的高级形态，它所具有的自学习、自组织、自适应与自进化的特征使其成为制造组织未来演化的必然趋势。

（10）从 STS 的观点出发，本书研究得出的一个重要结论是，社会文化因素在制造模式与组织变革中扮演着越来越重要的作用。知识经济的出现，改变了工业经济的资源依赖模式，知识资源逐步替代物质资源成为创造价值和建立竞争优势的基础资源，作为知识学习、创造和运用的基本主体，人的因素的重要性更加突现出来；IT 的影响已深入到社会肌体的各个角落，信息化与信息社会已使人类社会的面貌，以及人的工作与生活方式发生了质的改变；全球一体化所带来的多元文化的差异、碰撞与融合，不仅改变着各种传统文化，且已成为全球一体化格局下企业经营成败的重要因素；人与技术的关系及其稀缺性质正在发生着改变，人性化技术的发展，使得技术适应人，而不是人被迫适应技术正在成为可能；可持续发展成为各国经济发展的共同理念，人、资源、环境的和谐发展受到高度重视。随着绿色制造思想的发展，制造的自然生态观亦必然进一步向组织生态观延伸。这些变化必然会对 AMM 的选择与制造组织系统的设计产生重大的影响。

8.2　需进一步研究的问题

需进一步研究的问题如下：

（1）本书的研究工作带有探索的性质，所提出的基于 OOU 的一体化网络组织结构形式及其集成设计的理论与方法主要属于理论层面的探讨，尽管在研究中已尽可能地融合吸收了 AMM 与制造组织变革的实践经验，但其理论上的科学性与应用上的可行性还需要在后续应用实践中进一步验证与完善。

（2）制造组织的研究必须采用系统的方法，为此，在本书的研究中构建了以 STS 方法（横向研究）、生命周期方法（纵向研究）与组织生态系统方法（比较研究）为主体的方法体系，但这些方法目前还都不够完善。特别是 STS 方法是研究制造组织最有效的方法，它是一个传统而又焕发出新的强大生命力的方法，在本书的研究中提出了一个 STS 方法融合创新的框架，但要使 STS 方法真正成为一种现代化的、具有更大应用价值的研究方法，还需要大量艰苦的探索研究。

（3）如前所述，由于组织科学与技术的学科特点，其研究不能一味追求效法自然科学的方法，而使用过度简化模型。但量化模型由于其精确、试验与简化等重要功能，使其在组织系统研究中仍然具有重要的价值。本书研究中所构建的几个量化模型，从条件假设、变量选择到模型构建尚不够完善，需要在今后的研究中进一步改进。

参 考 文 献

[1] 陈菊红，汪应洛，孙林岩. 灵捷虚拟企业科学管理[M]. 西安：西安交通大学出版社，2002

[2] Nagel R N，Dove R，et al. 21st Century Manufacturing Enterprise Strategy：An Industry-Led View [R]. Bethlehem：Iacocca Institute Lehigh University，1991

[3] Womack J P，Jones D T，Roos D. The Machine That Changed the World [M]. New York：Rawson Associates，1990

[4] 刘飞，张晓冬，杨丹. 制造系统工程[M]. 北京：国防工业出版社，2000

[5] 汪应洛. 新世纪的生产方式：灵快、精简、柔性生产系统[A]. 中国首届先进制造技术发展战略研讨会文集，1995：202 - 206

[6] Warnecke H J. The Fractal Company [M]. Berlin：Springer，1979

[7] Tharumarajah A，Well A J，Names L. Comparison of the Bionic, Fractal, and Holonic Manufacturing System Concepts [J]. International Journal of Computer Integrated Manufacturing，1996，9(3)：217 - 226

[8] Valckenaers，Brussel V，Paul. Multi-agent Manufacturing Control in Holonic Manufacturing Systems [J]. Human Systems Management，1999，18(3 - 4)：233

[9] Tom G. Japan First to Ratify Global Manufacturing Plan，Intelligent Manufacturing Systems (Organization) [J]. Research Technology Management，1994，37(5)：4 - 20

[10] 白英彩，唐治文，等. 计算机集成制造系统[M]. 北京：清华大学出版社，1997

[11] 吴澄，李伯虎. 从计算机集成制造到现代集成制造：兼谈中国 CIMS 系统论的观点[J]. 计算机集成制造系统，1998(5)：1 - 5

[12] Ito Y，Hoft K. A Proposal of Region and Racial Traits-harmonized Products for Future Society：Culture and Mindset-related Design Attributes for Highly Value-added Products [J]. International Journal of Advanced Manufacturing Technology，1997，13：502 - 512

[13] 孙林岩，汪建. 先进制造模式的概念、特征及分类集成[J]. 西安交通大

学学报：社会科学版，2001，6：27 - 31

[14] Goldratt E M，Cox J. The Goal：A Process of Ongoing Improvement [M]. New York：North River Press，1992

[15] Hammer M，Champy J. Reengineering the Corporation：A Manifesto for Business Revolution [M]. New York：Harper Collins，1993

[16] Basu R，Nevan W J. Total Manufacturing Solutions：How to Stay Ahead of Competition and Management Fashions by Customizing Total Manufacturing Success Factors [M]. Oxford：Butterworth-Heinemann，1997

[17] Yoshimi Ito. An Engineering Approach to the Understanding of Deep Knowledge of Mature Engineers-crux of Thought Model-based Manufacturing [A]. Proceedings of the Opening Symposium on Advanced Intelligent Machine Complex，Tokyo，1993

[18] Lammers，Daved. Japan Counts CALS to Boost Productivity [J]. Electronic Engineering Times，1997，98(2)：49

[19] Goldman S L，Nagel R N，Preiss K. Agile Competitors and Virtual Organizations：Strategies for Enriching the Customer [M]. New York：Van Nostrand Reinhold，1994

[20] Kidd P T. Agile Manufacturing：Forging New Frontiers [M]. Wokingham：Addison-Wesley Publishers，1994

[21] Yusuf Y Y，Sarhadi M，Gunasekaran A. Agile Manufacturing：The Drivers，Concepts and Attributes [J]. International Journal of Production Economics，1999，62：33 - 43

[22] Sharp J M，Irani Z，Desai S. Working Towards Agile Manufacturing in the U K Industry [J]. International Journal of Production Economics，1999，62：155 - 169

[23] Gunasekaran A. Agile Manufacturing：A Framework for Research and Development [J]. International Journal of Production Economics，1999，62：87 - 105

[24] 王安民. 制造与业务系统的工业工程创新[J]. 系统工程理论与实践，1997，17(4)：105 - 109

[25] 孙林岩，汪建. 先进制造模式：理论与实践 [M]. 西安：西安交通大学

出版社，2003

[26]　Kast F E, Rosenzweig J E. Organization and Management: A Systems and Contingency Approach [M]. New York: McGraw-Hill, 1979

[27]　Daft R L, Marcic D. Understanding Management[M]. 4th ed. Cincinnati: South-Western, a Division of Thomson Learning, 2004

[28]　Robbins S P. Management [M]. 4th ed. Upper Saddle River: Prentice Hall Inc. , 1994

[29]　Burgess T F. Making the Leap to Agility: Defining and Achieving Agile Manufacturing through Business Process Redesign and Business Network Redesign [J]. International Journal of Operation & Production Management, 1994, 14(11): 23 - 33

[30]　钱宁，顾建新，祁国宁. 现代制造系统主流生产模式的综合分析[J]. 航空制造工程，1995(9)：28 - 34

[31]　顾元勋，孙林岩，吕坚. 生产力主导要素变迁与制造模式发展研究[J]. 陕西工学院学报：自然科学版，2000(2)

[32]　人见胜人. 生产系统论：现代生产的技术与管理[M]. 赵大生，程金良，译. 北京：机械工业出版社，1994

[33]　赫尔雷格尔，等. 组织行为学 [M]. 9 版. 俞文钊，等，译. 上海：华东师范大学出版社，2001

[34]　Belbin R M. Team Roles at Work [M]. Oxford: Butterworth Heinemann, 1981

[35]　Harrison D A, Price K H, Bell M P. Beyond Relational Demography: Time and the Effects of Surface and Deep-level Diversity on Work Group Cohesion [J]. Academy of Management Journal, 1998, 41: 96 - 107

[36]　Shaw J B, Power E B. The Effects of Diversity on Small Work Group Processes and Performance [J]. Human Relations, 1998, 51: 1307 - 1325

[37]　Bowers C A, Pharmer J A, Salas E. When Member Homogeneity is Needed in Work Teams: A Meta-analysis [J]. Small Group Research, 2000, 31: 305 - 327

[38]　Webber S S, Donahue L M. Impact of Highly and Less Job-related

Diversity on Work Group Cohesion and Performance: A Meta-analysis [J]. Journal of Management, 2001, 27: 141 - 162

[39] Hakansson H, Snehota I. Developing Relationships in Business Networks [M]. London: International Thomson Business Press, 1995

[40] 林润辉, 李维安. 网络组织: 更具环境适应能力的新型组织模式[J]. 南开管理评论, 2000, 3: 4 - 7

[41] 彼得·圣吉. 第五项修炼: 学习型组织的艺术与实物[M]. 郭进隆, 译. 上海: 三联书店, 1997

[42] Dodgson M. Organizational Learning: A Review of Some Literatures [J]. Organization Studies, 1993, 14(3): 375 - 394

[43] Ahern R. The Role of Strategic Alliances in the International Organizational of Industry [J]. Environment and Planning A, 1993, 25(9): 1229 - 1246

[44] Garette B, Dussauge P. Alliances versus Acquisitions: Choosing the Right Option [J]. European Management Journal, 2000, 18(1): 63 - 69

[45] Ring P S. The Three T's of Alliance Creation: Task, Team and Time [J]. Europe an Management Journal, 2000, 18(2): 152 - 163

[46] 陈国权. 组织与环境的关系及组织学习[J]. 管理科学学报, 2001(5): 39 - 49

[47] Nemetz P L, Fry L W. Flexible Manufacturing Organizations: Implications for Strategy Formulation and Organizations Design [J]. Academy of Management Review, 1988, 13(4): 617 - 638

[48] Chase R B, Aquilano N J. Production and Operations Management [M]. Illinois: Richard D. Irwin, 1977

[49] Beatty C, Gordon J R M. Advanced Manufacturing Technology: Making It Happens [J]. Business Quarterly, 1990, 54(4): 46 - 53

[50] 王安民. 一种系统化的企业战略分析模式[J]. 管理工程学报, 1998, 12(1): 67 - 70

[51] Boer H, Hill M, Krabbendam K. FMS Implementation Management: Promise and Performance [J]. International Journal of Operations & Production Management, 1990, 10(1): 5 - 20

[52] Voss C A. Managing Advanced Manufacturing Technology [J]. International Journal of Operations & Production Management，1986，6（5）：4 - 7

[53] 朱一文，王安民. 组织结构、支持性组织氛围对员工建言行为的影响[J].中国人力资源开发，2013(15)：25 - 30

[54] 王安民，徐国华. 现代集成制造系统及其组织技术研究[J]. 电讯技术：IE 版，2002，42：33 - 38

[55] Hill C W L，Jones G R. Strategic Management Theory：An Integrated Approach[M]. 4th ed. Boston：Houghton Mifflin Company，1998

[56] Maanen J V，Schein E H. Towards a Theory of Organizational Socialization [A]. Staw B M Research in Organizational Behavior [C]. Greenwich：JAI Press，1979：209 - 264

[57] Rice A K. Productivity and Social Organization：The Ahmedabad Experiment [M]. London：Tavistock，1958

[58] Joan Woodward. Industrial Organization：Theory and Practice [M]. London：Oxford University Press，1965

[59] 兹沃曼 W L. 组织理论的新看法[M]. 韦斯特波特：格林伍德出版公司，1970

[60] Chase R B. A Review of Models for Mapping the Socio-Technical System [J]. AIIE Transactions，1975，7(1)：48 - 55

[61] 陈禹六，李清，张锋. 经营过程重构(BPR)与系统集成[M]. 北京：清华大学出版社，2001

[62] Koontz H，Weihrich H. Management[M]. New York：McGraw-Hill，1988

[63] Majchrzak A，Gasser L. Hitop-A：A Tool to Facilitate Interdisciplinary Manufacturing Systems Design [J]. International Journal of Human Factors in Manufacturing，1992，2(3)：255 - 276

[64] Wall T D，Corbett J M，Clegg C W，et al. Advanced Manufacturing Technology Toward Theory Framework [J]. Journal of Organizational Behavior，1993，13：201 - 219

[65] 杨雪梅，王勇，等. 社会技术整合方法与组织创新[J]. 科研管理，2003，24(1)

[66] Wang Anmin, Li Huanhuan. The Application of Complex Adaptive System in the Study of Organization Management Systems [C]. 2nd International Conference on Artificial Intelligence, Management Science and Electronic Commerce[AIMSEC 2011], IEEE. 3(Ⅱ): 2471 – 2474

[67] 霍兰 J H. 隐秩序[M]. 周晓牧, 等, 译. 上海: 上海科技教育出版社, 2000

[68] 刘洪. 经济系统预测的混沌原理与方法[M]. 北京: 科学出版社, 2003

[69] Peters T. Thriving on Chaos: Handbook for a Management Revolution [M]. New York: Alfred A. Knopf, 1988

[70] Hall D T, Moss J E. The New Protean Career Contract: Helping Organizations and Employees Adapt [J]. Organizational Dynamics, 1998, Winter: 22 – 37

[71] McCaffrey D P, Faerman S R, Hart D W. The Appeal and Difficulties of Participative Systems [J]. Organization Science, 1995, 6(6): 603 – 627

[72] 谢永平, 王安民, 吴建材. 信息技术发展与组织虚拟化[J]. 电讯技术: IE 版, 2003, 43: 149 – 152

[73] Turcotte J, Silveri B, Jacobsen T. Are You Ready for the E-Supply Chain? [J]. APICS-The Performance Advantage, 1998(8): 56 – 59

[74] Adler N J. International Dimensions of Organizational Behavior[M]. 4th ed. Cincinnati: South-Western, 2002

[75] Cox T H, Blake S. Managing Cultural Diversity: Implications for Organizational Competitiveness [J]. Academy of Management Executive, 1991, 5(3): 45 – 56

[76] Hackman J R, Oldham G R. Motivation through the Design of Work: Test of a Theory [J]. Organizational Behavior and Human Performance, 1976, 16: 256

[77] Davis L E. Job Satisfaction: A Socio-Technical View [R]. Los Angeles: University of California, 1969(8): 575 – 1 – 69

[78] 王安民, 温晓霓. 制造企业生产方式的重组与系统优化[J]. 工业工程, 1998, 1(2): 10 – 13

[79] Kotler P. Marketing Management: Analysis, Planning, Implementa-

tion, and Control[M]. 9th ed. Englewood cliffs：Prentice-Hall，1997

[80] 伊查克·麦迪思. 企业生命周期[M]. 北京：中国社会科学出版社，1997

[81] 肖忠东，孙林岩. 工业生态制造[M]. 西安：西安交通大学出版社，2003

[82] Grover V，Kettinger W J. Business Process Change：Reengineering Concepts，Methods and Technologies [M]. Hershey：IDEA Group Publishing，1995

[83] 王安民，杨晓，周津慧. 制造系统的生命周期价值评价模型[J]. 系统工程与电子技术，2007，25(12)：2077－2080

[84] Maurice S C，Thomas C R. Managerial Economics [M]. 6th ed. New York：McGraw-Hill，1999

[85] Park C S. Fundamentals of Engineering Economics [M]. Boston：Pearson Education，2004

[86] 谢永平，王安民. 关于组织生态化研究的理论思考[J]. 管理现代化，2008(2)：6－8

[87] 吴彤，曾国屏. 自组织思想：观念演变、方法与问题[A]. 系统科学与工程研究[C]. 许国志. 上海：上海科技教育出版社，2000：85－99

[88] 王斌. 仿生化视角下的企业竞争优势研究[D]. 北京：北京工业大学出版社，2002

[89] Moore Geoffrey A. Crossing the Chasm [M]. New York：Harper Business，1995

[90] Moore J F. Predators and Prey：A New Ecology of Competition [J]. Harvard Business Review，1993，(3)：75－86

[91] Moore J F. The Death of Competition：Leadership and Strategy in the Age of Business Ecosystems [M]. New York：Harper Business，1996

[92] 大卫·范高德. 创造可持续的高技术企业发展生态系统[J]. 李建军，编，译. 经济社会体制比较，2002，6

[93] 王安民，吴建材，谢永平. 商业生态系统进化机制研究[J]. 电讯技术：IE 版，2003，43：139－142

[94] Porter M E. Competitive Advantage [M]. New York：Free Press，1985

[95] 王安民，谢永平. 信息时代的学习型组织演化：生态型组织[J]. 电讯技

术：IE 版，2004，44：91－94

[96] 思拉恩·埃格森特. 新制度经济学[M]. 吴邦经，等，译. 北京：商务印书馆，1996

[97] Dahlman, Carl J. The Problem of Externality [J]. Journal of Legal Studies, 1979, 22(1): 141－162

[98] Matthews, R C O. The Economics of Institutions and the Sources of Growth [J]. Economics Journal, 1986, 96(12): 903－910

[99] Coase, Ronald C. The Nature of the Firm: Influence [J]. Journal of Law, Economics and Organization, 1988, 4(1): 33－47

[100] George S J. The Economics of Information [J]. Journal of Political Economics, 1961, 69(6): 213－215

[101] Walker A. Science of Wealth: A Manual of Political Economy [M]. New York: Kraus Reprint, 1969

[102] De Alessi, Louis. Property Rights, Transaction Costs and X-Efficiency: An Easy in Economics Theory [J]. American Economics Review, 1983, 73(4): 831－842

[103] Jensen M C, Meckling W H. Theory of the Firm: Managerial Behavior, Agency Costs and Ownership Structure [J]. Journal of Financial Economics, 1976, 3(4): 305－360

[104] Alchian, Armen A, Harold D. Production, Information Costs and Economics Organization [J]. American Economics Review, 1972, 62(12): 777－795

[105] Alchian, Armen A. Economic Forces at Work [M]. Indianapolis: Liberty Press, 1977

[106] Jensen M C, Meckling W H. Rights and Production Functions: An Application to Labor-Managed Firms and the Codetermination [J]. Journal of Business, 1979, 52(4): 469－506

[107] Williamson O E. The Organization of Work: A Comparative Institutional Assessment [J]. Journal of Economic Behavior and Organization, 1980, 1(3): 5－38

[108] Demsetz H. Economic, Political and Legal Dimensions of Competition [M]. Amsterdam: North-Holland, 1980

[109] 福斯·可奴森. 企业万能：面向企业能力理论[M]. 李东红，译. 大连：东北财经大学出版社，1998

[110] Camarinha-matos L M. Toward an Architecture of Virtual Enterprise [J]. Journal of Intelligent Production，1998(9)：189 – 199

[111] 王安民. 基于核心能力的组织结构设计[A]. 中国电子学会 IE 分会第七届年会论文集[C]，2000，10：32 – 37

[112] Randall H G. The Origins of Entrepreneurial Opportunities [J]. The Review of Austrian Economics，2003，16(1)：25 – 43

[113] Smircich L，Concepts of Culture and Organizational Analysis [J]. Administrative Science Quarterly，1983，28：339 – 358

[114] Goffee R，Jones G. What Holds the Modem Company Together ? [J]. Harvard Business Review，1996(11/12)：133 – 148

[115] Denison D R，Mishra A K. Toward a Theory of Organizational Culture and Effectiveness [J]. Organization Science，1995，6(2)：204 – 223

[116] Peters T J，Waterman R H. In Search of Excellence：Lessons from America's Best-run Companies [M]. New York：Harper & Row，1982

[117] Douglas C. Organization Redesign：The Current State and Projected Trends [J]. Management Decision，1999，37(8)：621 – 627

[118] 机械科学研究院. 先进制造领域技术预测与技术选择研究报告[R]. 北京：机械科学研究院，1999

[119] 谢永平，王安民. 绿色制造之理论与技术支撑[J]. 技术经济与管理研究，2006(5)：115 – 116

[120] 刘佑成. 社会分工论[M]. 杭州：浙江人民出版社，1985

[121] Babbage C. On the Economy of Machinery and Manufactures [M]. New York：Kelly，1977

[122] Katz M，Shapiro C. Network Externalities，Competition，and Compatibility [J]. American Economics Review，1985，75：424 – 440

[123] Stigler G J. The Division of Labor is Limited by the Extent of the Markets [J]. Journal of Political Economy，1951，59：185 – 193

[124] Becker G，Murphy K. The Division of Labor：Coordination costs and

Knowledge [J]. Quarterly Journal of Economics，1992，107：1137 – 1160

[125] Rosen S. Specialization and Human Capital [J]. Journal of Labor Economics，1983(1)：43 – 49

[126] 王安民，徐国华. 现代集成制造系统及其关键组织技术[J]. 西安电子科技大学学报：自然科学版，2002，29(S)：39 – 43

[127] Katzenbach J R，Smith D K. The Wisdom of Teams：Creating the High-Performance Organization ［M］. Boston：Harvard Business School Press，1993

[128] 韩艳，王安民. 小团队内人际关系对知识共享的影响[J]. 科学学与科学技术管理，2008，29(10)：124 – 126

[129] 韩艳，王安民. 小团队隐性知识共享的经济学分析[J]. 科技管理研究，2009，29(195)：249 – 431

[130] 韩艳，王安民. 小团队内人际关系对知识共享影响的实证研究[J]. 科技管理研究，2009，29(198)：482 – 484

[131] 韩燕，王安民. 小团队内部知识共享的绩效评估[J]. 管理评论，2010，22(2)：97 – 102

[132] 伍玉琴，王安民. 基于交互记忆系统的团队有效性模型研究[J]. 科技管理研究，2010，30(10)：191 – 193

[133] McDermott R. Learning Across Teams [J]. Knowledge Management Review，1999(8)：32 – 36

[134] Forrester R，Drexler A B. A Model of Team-based Organization Performance [J]. Academy of Management Executive，1999，13(3)：36 – 49

[135] Randolph W A. Matching Technology and the Design of Organization Units [J]. California Management Review，1981，ⅩⅩⅢ(4)：39 – 48

[136] Clegg C W. Socio-technical Principles for System Design [J]. Applied Ergonomics，2000，31：463 – 477

[137] Hackman J R，Oldham G. Work Redesign ［M］. MA：Addison-Wesley Reading，1980

[138] Emery F E，Thorsud E，Longe K. The Industrial Democracy Project Report No. 2［R］. Trondherm：Institute for Industrial and Social

Research, Technical University of Norway, 1965

[139]　Oden H W. Transforming the Organization: A Social-technical Approach [M]. London: Greenwood Publishing Group Inc. , 1999

[140]　埃尔文·格罗赫拉. 企业组织[M]. 北京：经济管理出版社，1991

[141]　谢永平，王安民. 项目团队中的知识共享机制研究[J]. 中国管理科学，2006，14(s)：52－56

[142]　陈飞，王安民. 创业团队理论研究文献综述[J]. 科技与管理，2012，14(5)：74－78

[143]　Thompson J D. Organizations in Action [M]. New York: McGraw-Hill, 1967

[144]　Savage C M. 第五代管理[M]. 李仕模，译. 北京：中国物价出版社，2000

[145]　Byrne J. The Virtual Corporation [J]. Business Week，1993(2)：98－103

[146]　Culpan. Multinational Strategic Alliances [M]. New York: The Haworth Press Inc. , 1993

[147]　Das T K, Teng B S. Risk Types and Interfirm Alliance Structure [J]. Journal of Management Studies, 1996, 33: 827－833

[148]　Ahuja G. Gollaboration Networks, Structural Holes, and Innovation: A Longitudinal Study [J]. Administrative Science Quarterly, 2000, 45: 425－455

[149]　Wernerfelt B. A Resource-based View of the Firm [J]. Strategic Management Journal, 1984, 5: 171－180

[150]　Simonin B L. Ambiguity and the Process of Knowledge Transfer in Strategic Alliance [J]. Strategic Management Journal, 1999, 20: 595－623

[151]　陈菊红，汪应洛，孙林岩. 虚拟企业伙伴选择过程及方法研究[J]. 系统工程理论与实践，2000(7)：48－53

[152]　Drago W A. When Strategic Alliances Make Sense [J]. Industrial Management & Data Systems, 1997(2): 53－57

[153]　Elmuti D, Kathawala Y. An Overview of Strategic Alliances [J]. Management Decision, 2001, 39(3): 205－217

[154]　王安民，徐国华. 基于最优组织单元的网络化组织设计模式[J]. 西安

电子科技大学学报：自然科学版，2006，33(3)：453-457

[155] Wang Anmin, Xie Yongping. The Mode of the Integrated Network Organization Design Based on Optimal Organization Unit [C]. The Proceedings of 2nd International Conference on Artificial Intelligence, Management Science and Electronic Commerce [AIMSEC2011], IEEE. 3(Ⅱ)：2583-2586

[156] Dimancescu D, Hines P, Rich N. The Lean Enterprise [M]. New York：AMACOM, a Division of American Management Association, International，1997

[157] 威廉·纽曼. 企业战略与政策[M]. 北京：企业管理出版社，1985

[158] 王安民. 制造组织系统的多生命周期设计[J]. 西安电子科技大学学报：自然科学版，2007，34(3)：476-480

[159] Tuttle D, Kanterjiang B. Activities：The Common Currency of the Virtual Organization [A]. 4th Annual Agility Forum Conf. Proc. , Atanta, USA, 1995：13-25

[160] Vanhaverbeke W, Torremans H. Organizational Structure in Process-based Organizations [J]. Knowledge and Process Management，1999：41-52

[161] WANG Anmin, XIE Yongping. The Mode of the Multi-lifecycle Organization Design Based on Optimal Organization Unit [C]. The Proceedings of 20th IPMA World Congress on Project Management (Shanghai'2006), IPMA, 2006：535-540

[162] Quinn R E, Cameron K. Organizational Life Cycles and Shifting Criteria of Effectiveness：Some Preliminary Evidence [J]. Management Science，1983，29：33-51

[163] 胡恩华，单红梅. 企业技术创新绩效的综合模糊评价及其应用[J]. 科学学与科学技术管理，2002(5)：13-14

[164] Porter M E. What is Strategy [J]. Harvard Business Review，1996(11)：61-78

[165] Gabow H N, Myers E W. Finding All Spanning Trees of Directed and Undirected Graphs[J]. SIAM J. Comput，1978(7)：280-287

[166] 樊耘. 组织学习的困境、对策及生态学的启示[J]. 科研管理，2002

(7)：103 - 104

[167] 冯务中. 管理创新：企业创新体系的神经[J]. 科学管理研究，2001 (4)：10 - 11

[168] 王震，等. 企业政治产生原因、特征及其影响分析[J]. 科学学与科学技术管理，2003(2)：108 - 109

[169] Martin J. Cybercorp：The New Business Revolution [M]. New York：AMACOM，1996

[170] 夏绍炜，杨家本，扬振斌. 系统工程概论[M]. 北京：清华大学出版社，1995

[171] Hammer M. Reengineering Work：Don't Automate，Obliterate[J]. Harvard Business Review，1990(7/8)

[172] Tinnila M. Strategic Perspective to Business Process Redesign [J]. Management Decision，1995(3)

[173] 谢永平，王安民. 企业重组中的结构与文化因素研究[J]. 西安电子科技大学学报：社会科学版，2002，12(1)：36 - 40

[174] Davenport T H，Stoddard D B. Reengineering：Business Change of Mythic Proportions? [J]. MIS Quarterly，1994 (6)

[175] 谢永平，王安民. 组织变革障碍成因及对策研究[J]. 电讯技术：IE 版，2005，45：30 - 33

[176] W 爱德华兹·戴明. 戴明论质量管理[M]. 钟汉清，等，译. 海南：海南出版社，2003

[177] 韩之俊，许前. 质量管理[M]. 北京：科学出版社，2003

[178] Feigenbaum A V. Total Quality Control [M]. New York：McGraw-Hill，1983

[179] 王安民. 协同变革管理模式的研究[C]. 第二届中国创新与企业成长年会(CI&G 2011，哈尔滨)论文集，2011：314 - 320

[180] 谢永平，王安民. 适应变革的组织文化演变趋势[J]. 西安文理学院学报，2005，8(2)：93 - 96

[181] Galbraith J R. Designing the Innovative Organization [J]. Organizational Dynamics，1982(Winter)：5 - 25

[182] Sutton R I. The Weird Rules of Creativity [J]. Harvard Business Review，2001(9)：94 - 103

[183] 王安民，徐国华. 基于知识的生态化制造组织[J]. 电讯技术，2002，42：20－24

[184] Talluri S，Baker R C. A Quantitative Framework for Designing Efficient Business Alliances [J]. Managing Virtual Enterprises，IEMC，1996：656－660

[185] Gilbert F W，Young J A. Buyer-seller Relationships in JIT Purchasing Environment [J]. Journal of Business Research，1994，29(2)：111－120

[186] Johnson M，Meade L，Rogers J. Partner Selection in the Agile Environment [A]. 4th Annual Forum Conference Proc. Atlanta，USA，1995：496－505

[187] 魏权龄，等. 数学规划引论[M]. 北京：北京航空航天大学出版社，1991

[188] 张维迎. 博弈论与信息经济学[M]. 上海：上海三联书店，上海人民出版社，1996